**Vaibhav Ram**
**Ajay Makawana**
**Dhaval Thanki**

# Projeto de uma estação de tratamento de águas residuais para o campus de Junagadh da JAU

Vaibhav Ram
Ajay Makawana
Dhaval Thanki

# Projeto de uma estação de tratamento de águas residuais para o campus de Junagadh da JAU

**Imprint**

Any brand names and product names mentioned in this book are subject to trademark, brand or patent protection and are trademarks or registered trademarks of their respective holders. The use of brand names, product names, common names, trade names, product descriptions etc. even without a particular marking in this work is in no way to be construed to mean that such names may be regarded as unrestricted in respect of trademark and brand protection legislation and could thus be used by anyone.

Cover image: www.ingimage.com

This book is a translation from the original published under ISBN 978-620-2-05674-8.

Publisher:
Sciencia Scripts
is a trademark of
Dodo Books Indian Ocean Ltd. and OmniScriptum S.R.L publishing group

120 High Road, East Finchley, London, N2 9ED, United Kingdom
Str. Armeneasca 28/1, office 1, Chisinau MD-2012, Republic of Moldova, Europe
Printed at: see last page
**ISBN: 978-620-3-22336-1**

Índice:

**RAM VAIBHAV M.**

**MAKAWANA AJAY D.**

**Prof. D. S. THANKI**


**PROJECTO DE UMA ESTAÇÃO DE TRATAMENTO DE ÁGUAS RESIDUAIS PARA O CAMPUS DE JAU JUNAGADH**

# CAPÍTULO- 1

## INTRODUÇÃO

## 1.1 Geral

### 1.1.1 Disponibilidade e utilização da água:

A Índia representa 2,45% da superfície terrestre e 4% dos recursos hídricos do mundo, mas representa 16% da população mundial. O recurso hídrico total utilizável no país foi estimado em cerca de 1123 BCM (690 BCM da superfície e 433 BCM do solo), o que representa apenas 28% da água derivada da precipitação. Cerca de 85% (688 BCM) da utilização da água está a ser desviada para irrigação (Figura 1), que pode aumentar para 1072 BCM até 2050. A principal fonte de água para irrigação é a água subterrânea. A recarga anual de águas subterrâneas é de cerca de 433 BCM, dos quais 212,5 BCM são utilizados para irrigação e 18,1 BCM para uso doméstico e industrial (CGWB, 2011). Até 2025, a procura de água para uso doméstico e industrial pode aumentar para 29,2 BCM. Assim, prevê-se que a disponibilidade de água para irrigação diminua para 162,3 BCM. Com a atual taxa de crescimento da população (1,9% por ano), prevê-se que a população ultrapasse a marca dos 1,5 mil milhões em 2050. Devido ao aumento da população e ao desenvolvimento global do país, a disponibilidade média anual de água doce per capita tem vindo a diminuir desde 1951, passando de 5177 m3 para 1869 m3, em 2001, e para 1588 m3, em 2010. Prevê-se que continue a diminuir para 1341 m3 em 2025 e 1140 m3 em 2050. Por conseguinte, há uma necessidade urgente de uma gestão eficiente dos recursos hídricos através de uma maior eficiência na utilização da água e da reciclagem das águas residuais.

### 1.1.2 Produção e tratamento de águas residuais:

Com a rápida expansão das cidades e do abastecimento doméstico de água, a quantidade de águas cinzentas/residuais está a aumentar na mesma proporção. De acordo com as estimativas do CPHEEO, cerca de 70-80% do total de água fornecida para uso doméstico é gerada como água residual. A produção per capita de águas residuais pelas cidades da classe I e da classe II é de cerca de

II, que representam 72% da população urbana da Índia, foi estimado em cerca de 98 lpcd, enquanto o do Território da Capital Nacional - Deli (que descarrega 3 663 MLD de águas residuais, 61% das quais são tratadas) é superior a 220

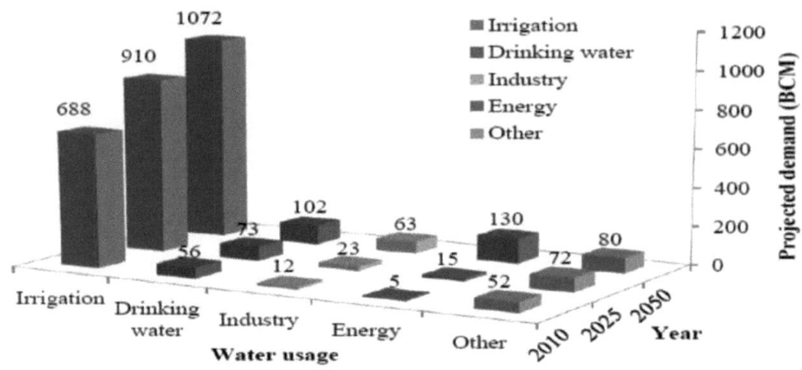



**Fig 1.1 Procura de água projectada por diferentes sectores**

lpcd (CPCB, 1999). Segundo as estimativas da CPCB, a produção total de águas residuais das cidades da classe I (498) e da classe II (410) do país é de cerca de 35 558 e 2 696 MLD, respetivamente. Por outro lado, a capacidade instalada de tratamento de águas residuais é de apenas 11 553 e 233 MLD, respetivamente (Figura 2), o que conduz a uma lacuna de 26 468 MLD na capacidade de tratamento de águas residuais. Maharashtra, Deli, Uttar Pradesh, Bengala Ocidental e Gujarat são os principais contribuintes para as águas residuais (63%; CPCB, 2007a). Além disso, de acordo com as estimativas da UNESCO e do WWAP (2006) (Van-Rooijen et al., 2008), a produtividade da utilização industrial da água na Índia (IWP, em milhares de milhões de dólares constantes de 1995 por m3) é a mais baixa (ou seja, apenas 3,42) e cerca de 1/30 da do Japão e da República da Coreia. Prevê-se que, até 2050, sejam gerados cerca de 48,2 milhões de metros cúbicos (132 mil milhões de litros por dia) de águas residuais (com potencial para satisfazer 4,5% da procura total de água para irrigação), aumentando assim ainda mais este fosso (Bhardwaj, 2005). Assim, a análise global dos recursos hídricos indica que, nos próximos anos, haverá um problema de dois gumes para lidar com a redução da disponibilidade de água doce e o aumento da produção de águas residuais devido ao aumento da população e da industrialização.

Na Índia, existem 234 estações de tratamento de águas residuais (ETAR). A maioria delas foi desenvolvida no âmbito de vários planos de ação fluvial (a partir de 1978-79) e está localizada em (apenas 5% das) cidades/vilas ao longo das margens dos principais rios (CPCB, 2005a). Nas cidades da classe I, o processo de lagoa de oxidação ou de lamas activadas é a tecnologia mais utilizada, abrangendo 59,5% da capacidade total instalada. Segue-se a tecnologia de manta de lamas anaeróbias de fluxo ascendente, que cobre 26% da capacidade total instalada. A tecnologia de lagoas de estabilização de resíduos em série é também utilizada em 28% das instalações, embora a sua capacidade combinada seja de apenas 5,6%. Um relatório recente do Banco Mundial (Shuval et al. 1986) defende fortemente as lagoas de estabilização como o sistema de tratamento de águas residuais mais adequado nos países em desenvolvimento, onde a terra está frequentemente disponível a um custo de oportunidade razoável e a mão de obra qualificada é escassa.

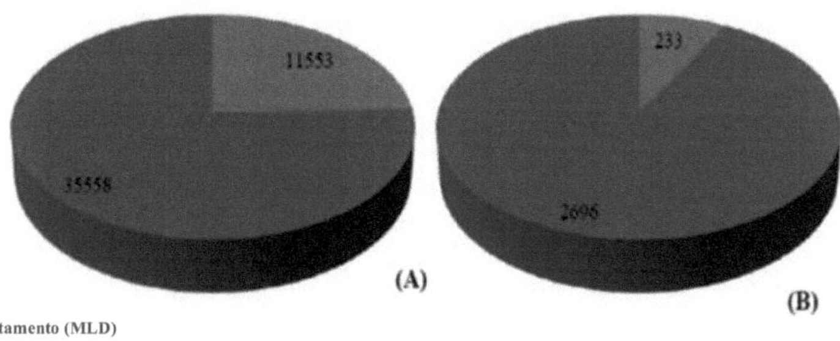


Capacidade de tratamento (MLD)
Produção de águas residuais (MLD) ▪ Capacidade de tratamento planeada (MLD)

**Fig 1.2 Capacidade de produção e tratamento de águas residuais nas cidades de classe I e nas cidades de classe II da Índia (CPCB, 2009)**

### 1.1.3 O que é o esgoto?

O termo "águas residuais" descreve as águas residuais brutas, as lamas de depuração ou os resíduos de fossas sépticas. As águas residuais brutas são essencialmente águas que contêm excrementos, resíduos industriais e detritos como pensos higiénicos, preservativos e plásticos.

Os excrementos são a principal fonte de microrganismos nocivos, incluindo bactérias, vírus e parasitas. O tratamento das águas residuais reduz o teor de água e remove os detritos, mas não mata nem remove todos os microrganismos.

- **Saneamento**

Uma rede de esgotos que transporta as águas residuais. Os esgotos são essenciais para a saúde pública.

- **Esgoto**

Um dreno ou tubo, normalmente subterrâneo, que transporta os esgotos.

- **Esgotos**

Matéria residual transportada por um esgoto. Podem ser provenientes de sanitas, banheiras, lavatórios, banheiras, etc. ou de indústrias.

### 1.1.4  O que é um derrame de águas residuais?

Os derrames de águas residuais ocorrem quando as águas residuais transportadas através de condutas subterrâneas transbordam através de uma câmara de visita, de uma conduta de limpeza ou de um tubo partido. Os derrames de águas residuais causam riscos para a saúde, danificam casas e empresas e ameaçam o ambiente, os cursos de água locais e as praias.

A falha do sistema sético também pode resultar em exposição aos esgotos. A manutenção incorrecta do proprietário é a razão mais comum para a falha do sistema sético. Se os sistemas com uma manutenção deficiente não forem bombeados regularmente, acumulam-se lamas (material sólido) no interior da fossa séptica. As águas residuais fluem então para o campo de absorção, entupindo-o de forma irreparável. Chuvas fortes podem saturar os campos sépticos, fazendo com que os sistemas transbordem e falhem.

### 1.1.5  Como é que as pessoas podem ser expostas aos esgotos?

As pessoas são expostas às águas residuais através do contacto mão-boca durante a alimentação, a ingestão de bebidas e o consumo de tabaco, ou limpando a cara com mãos ou luvas contaminadas. A exposição também pode ocorrer por contacto com a pele, através de cortes, arranhões ou feridas penetrantes, e por agulhas hipodérmicas deitadas fora. Certos organismos podem entrar no corpo através das superfícies dos olhos, do nariz e da boca e respirando-os sob a forma de poeira, aerossol ou névoa.

## 1.1.6 Caraterísticas das águas residuais

• **Fontes de águas residuais**

Em geral, as águas residuais municipais são constituídas por águas residuais domésticas, águas residuais industriais, águas pluviais e por infiltrações de águas subterrâneas que entram na rede de esgotos municipal. As águas residuais domésticas são constituídas pelas descargas de efluentes de habitações, instituições e edifícios comerciais. As águas residuais industriais são os efluentes descarregados pelas unidades de fabrico e pelas fábricas de transformação de alimentos. Em Faisalabad, uma grande parte das águas residuais municipais de algumas secções da cidade é constituída por descargas de águas residuais industriais. Ao contrário de algumas cidades desenvolvidas, onde os sistemas são separados, aqui, a rede municipal de esgotos serve também de coletor de águas pluviais. Devido a deficiências no sistema de esgotos, há também infiltrações nas águas subterrâneas, o que aumenta o volume de águas residuais a eliminar.

• **Caraterísticas do fluxo de águas residuais**

Em geral, as águas residuais domésticas que entram nos sistemas municipais de águas residuais tendem a seguir um padrão diurno. Este caudal é baixo durante as primeiras horas da manhã e um primeiro pico ocorre geralmente ao fim da manhã, seguido de um segundo pico à noite, depois do jantar. No entanto, o rácio entre as cargas de pico de caudal e o caudal médio é suscetível de variar inversamente com a dimensão da comunidade e o comprimento do sistema de esgotos. Os picos de caudal também podem ser gerados durante as ocasiões festivas e em alturas de rituais religiosos, como a oração de sexta-feira no Paquistão, durante as horas de negócios, épocas turísticas e em áreas com grandes campus universitários, etc. Os fluxos de águas residuais industriais seguem de perto o padrão de processamento das indústrias locais, que depende dos processos envolvidos, do número de turnos operados e das necessidades de água da indústria. As variações em relação aos padrões estabelecidos são mínimas e ocorrem durante as mudanças de turno ou paragens. As variações de caudal também podem ocorrer devido ao processamento de produtos sazonais. Por conseguinte, as flutuações sazonais nas descargas de águas residuais industriais são mais significativas. Nas cidades em que as águas residuais industriais constituem uma componente importante do fluxo total de águas residuais municipais, as flutuações nas descargas de águas residuais industriais podem ter uma importância significativa na gestão do ciclo da água. No entanto, num país em vias de desenvolvimento como o Paquistão, onde o abastecimento de água é racionado, a disponibilidade é incerta e, uma vez que o preço da água não corresponde ao seu verdadeiro custo de oportunidade, a produção de águas residuais per capita pode ser, em grande medida, uma função da disponibilidade e dos requisitos mínimos de utilização.

- **Composição das águas residuais**

Embora a composição real das águas residuais possa diferir de comunidade para comunidade, todas as águas residuais municipais contêm os seguintes grupos gerais de constituintes:

- ☐ Matéria orgânica
- ☐ Nutrientes (azoto, fósforo, potássio)
- ☐ Matérias inorgânicas (minerais dissolvidos)
- ☐ Produtos químicos tóxicos
- ☐ Agentes patogénicos

A tabela 1 apresenta uma breve descrição dos constituintes das águas residuais, dos parâmetros e dos possíveis impactos.

**Quadro 1.1 Poluentes e contaminantes nas águas residuais e seus potenciais impactos através da utilização agrícola**

| Poluente/Constituinte | Parâmetro | Impactos |
|---|---|---|
| Nutrientes alimentares para plantas | N, P, K, etc. | • Excesso de N: potencial para provocar lesões causadas |

| | | |
|---|---|---|
| | | pelo azoto, crescimento vegetativo excessivo, atraso do período de crescimento e da maturidade.<br>• Quantidades excessivas de N e P podem provocar o crescimento excessivo de espécies aquáticas indesejáveis.<br>• a lixiviação de azoto causa poluição das águas subterrâneas com impactos adversos na saúde e no ambiente |
| Sólidos em suspensão | Compostos voláteis e impurezas coloidais | • desenvolvimento de depósitos de lamas que provocam condições anaeróbias em suspensão<br>• entupimento de equipamentos e sistemas de irrigação, tais como aspersores |
| Agentes patogénicos | Vírus, bactérias, ovos de helmintas, formas de coli fecal, etc. | - podem causar doenças transmissíveis (discutidas em pormenor mais adiante) |
| Produtos orgânicos biodegradáveis | CBO, CQO | - diminuição do oxigénio dissolvido nas águas de superfície |
| | | • desenvolvimento de condições sépticas |

| | | |
|---|---|---|
| | | • habitat e ambiente inadequados<br>• pode inibir a reprodução de anfíbios em lagos<br>• mortalidade dos peixes<br>• acumulação de húmus |
| Substâncias orgânicas estáveis | Fenóis, pesticidas, hidrocarbonetos clorados | • persistem no ambiente durante longos períodos<br>• tóxico para o ambiente<br>• pode tornar as águas residuais impróprias para irrigação |
| Inorgânicos dissolvidos | TDS, CE, Na, Ca, Mg, | - causam salinidade e impactos adversos associados |
| Substâncias | Cl, e B | • fitotoxicidade<br>• afectam a permeabilidade e a estrutura do solo |
| Metais pesados | Cd, Pb, Ni, Zn, As, Hg, etc. | • bioacumulação em organismos aquáticos (peixes e plânctons)<br>• acumulam-se nos solos irrigados e no ambiente<br>• tóxico para as plantas e os animais<br>• absorção sistémica pelas plantas<br>• ingestão subsequente por seres humanos ou animais<br>• possíveis impactos na saúde |
| | | - pode tornar as águas residuais |

| | | impróprias para irrigação |
|---|---|---|
| Concentrações de iões de hidrogénio | pH | • especialmente preocupantes nas águas residuais industriais<br>• possível impacto negativo no crescimento das plantas devido à acidez ou alcalinidade<br>• impacto por vezes benéfico na flora e fauna do solo |

## 1.1.7 O que é o processo de tratamento de águas residuais?

O tratamento de águas residuais é o processo de remoção de contaminantes das águas residuais e dos esgotos domésticos, tanto de escoamento (efluentes) como domésticos. Inclui processos físicos, químicos e biológicos para remover os contaminantes físicos, químicos e biológicos. O seu objetivo é produzir um efluente tratado e um resíduo sólido ou lama adequado para descarga ou reutilização no ambiente. Este material é frequentemente contaminado inadvertidamente com muitos compostos orgânicos e inorgânicos tóxicos.

Os esgotos implicam a recolha das águas residuais das zonas ocupadas e o seu transporte para um ponto de eliminação (atualmente, não existe um sistema de transporte deste tipo na zona do campus, que deverá ser criado). Os resíduos líquidos necessitam de tratamento antes de serem descarregados na massa de água ou eliminados de outra forma sem pôr em perigo a saúde pública ou causar condições ofensivas.

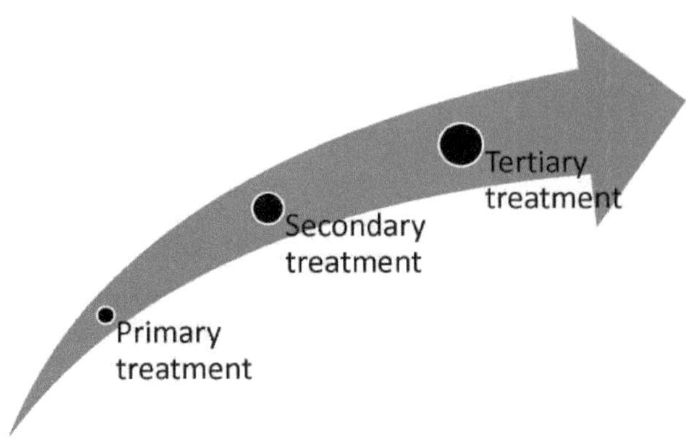



**Fig 1.3 Fluxograma geral do STP**

**O tratamento primário** consiste em reter temporariamente as águas residuais numa bacia quiescente onde os sólidos pesados podem depositar-se no fundo, enquanto o óleo, as gorduras e os sólidos mais leves flutuam à superfície. As matérias sedimentadas e flutuantes são removidas e o líquido remanescente pode ser descarregado ou sujeito a tratamento secundário.

**O tratamento secundário** remove a matéria biológica dissolvida e em suspensão. O tratamento secundário é normalmente efectuado por microrganismos autóctones, de origem aquática, num habitat gerido. O tratamento secundário pode exigir um processo de separação para remover os microrganismos da água tratada antes da descarga ou do tratamento terciário.

**O tratamento terciário** é por vezes definido como algo mais do que o tratamento primário e secundário, a fim de permitir a rejeição num ecossistema altamente sensível ou frágil (estuários, rios de baixo caudal, recifes de coral). A água tratada é por vezes desinfectada química ou fisicamente (por exemplo, por lagoas e microfiltração) antes de ser descarregada num riacho, rio, baía, lagoa ou zona húmida, ou pode ser utilizada para a irrigação de um campo de golfe, via verde ou parque. Se estiver suficientemente limpo, pode também ser utilizado para recarga de águas subterrâneas ou para fins agrícolas.

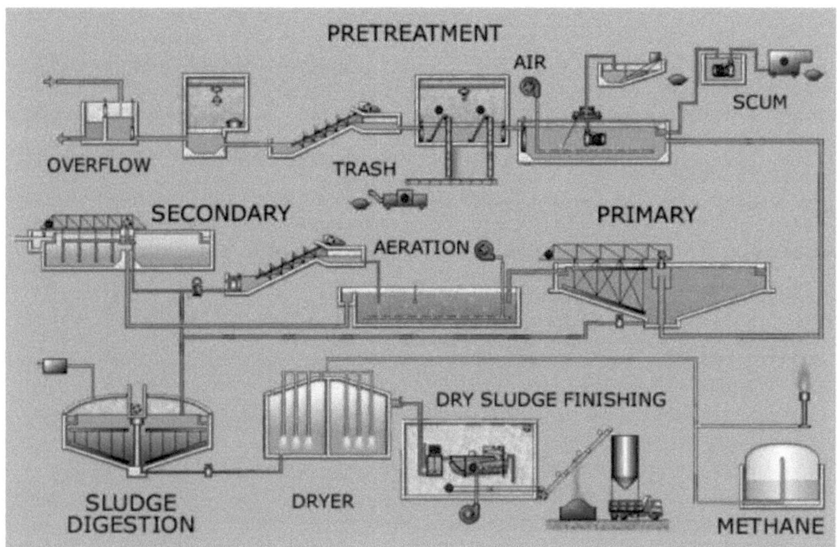


**Fig 1.4 Diagrama de fluxo do processo de uma estação de tratamento típica de grande escala**

## 1.1.8  Processo típico num STP

O diagrama de fluxo de um STP típico é apresentado abaixo (as unidades opcionais são apresentadas a amarelo).

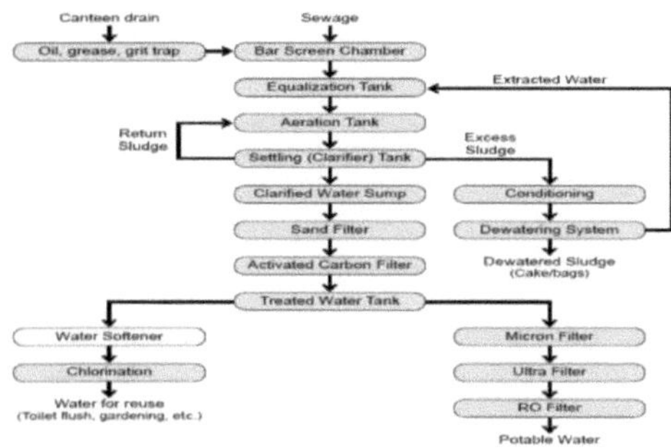


**Fig 1.5: Fluxograma de um STP típico**

## 1.2  JUSTIFICAÇÃO

Desde tempos imemoriais que os produtos ocidentais de uma sociedade, incluindo os excrementos humanos, são recolhidos, transportados e eliminados manualmente para um ponto seguro de eliminação, pelos varredores. Este método primitivo de recolha e eliminação dos resíduos da sociedade foi agora modernizado e substituído por um sistema em que estes resíduos são misturados com uma quantidade suficiente de água e transportados através de condutas fechadas em condições de fluxo gravítico. Essa mistura de água e resíduos, popularmente chamada de esgoto, é conduzida automaticamente até um local, de onde é descartada, após receber tratamento adequado, evitando assim o transporte de resíduos em caminhões ou carroças. Os efluentes de esgotos tratados

podem ser eliminadas numa massa de água corrente, como um riacho, ou podem ser utilizadas para irrigação de culturas.

## 1.3  OBJECTIVO

> Projetar a estação de tratamento de águas residuais para o campus da JAU.

> Decidir o local proposto para a estação de tratamento de águas residuais.

> Por outras palavras, o objetivo do tratamento de águas residuais é produzir um efluente descartável sem causar danos ou problemas às comunidades e evitar a poluição.

> Na prática, o tratamento das águas residuais só é necessário nas grandes cidades, onde o volume das águas residuais é maior, bem como a quantidade de vários tipos de águas residuais sólidas e industriais.

> O principal objetivo das unidades de tratamento é reduzir o conteúdo (sólidos) das águas residuais e remover todos os elementos causadores de incómodo, bem como alterar o carácter das águas residuais de modo a poderem ser descarregadas com segurança em cursos de água naturais aplicados no solo.

> Estudar o sistema de drenagem.

> Estudar a utilização doméstica da água.

> Utilizar as águas residuais tratadas para irrigação.

> Para poupar o consumo de eletricidade.

**Utilização/eliminação de águas residuais:**

A capacidade insuficiente de tratamento das águas residuais e o aumento da produção de esgotos colocam a questão da eliminação das águas residuais. Consequentemente, atualmente, uma parte significativa das águas residuais é desviada das ETAR e vendida aos agricultores das proximidades, a título oneroso, pela Direção-Geral da Água e dos Esgotos, ou a maior parte das águas residuais não tratadas acaba nas bacias hidrográficas e é indiretamente utilizada para irrigação. Em zonas como Vadodara, Gujarat, que não dispõem de fontes alternativas de água, uma das actividades mais lucrativas para os estratos sociais mais baixos é a venda de águas residuais e o aluguer de bombas para as elevar (Bhamoriya, 2004). Foi referido que a irrigação com águas residuais ou com águas residuais misturadas com efluentes industriais resulta numa poupança de 25 a 50% de fertilizantes N e P e conduz a uma produtividade das culturas 15 a 27% superior à das águas normais (Anónimo, 2004). Estima-se que, na Índia, cerca de 73.000 ha de agricultura periurbana (Strauss e Blumenthal, 1990) estão sujeitos à irrigação com águas residuais. Nas zonas peri-urbanas, os agricultores adoptam normalmente sistemas de produção intensiva de legumes durante todo o ano (300-400% de intensidade de cultivo) ou de outros produtos perecíveis, como as forragens, e ganham até 4 vezes mais por unidade de superfície do que com água doce (Minhas e Samra, 2004). As principais culturas que estão a ser irrigadas com águas residuais são:

**Cereais:** Ao longo de um troço de 10 km do rio Musi (Hyderabad, Andhra Pradesh), onde as águas residuais de Hyderabad são eliminadas, 2100 ha de terra são irrigados com águas residuais para cultivar arroz. O trigo é irrigado com águas residuais em Ahmadabad e Kanpur.

**Produtos hortícolas:** Em Nova Deli, são cultivados vários produtos hortícolas em 1700 ha de terra irrigada com águas residuais na zona em redor das estações de tratamento de águas residuais de Keshopur e Okhla. Nestes locais são cultivados produtos hortícolas como as cucurbitáceas, a beringela, o quiabo e os coentros no verão e os espinafres, a mostarda, a couve-flor e a couve no inverno. Em Hyderabad, os produtos hortícolas são cultivados na bacia do rio Musi durante todo o ano, incluindo espinafres, amaranto, hortelã, coentros, etc.

**Flores:** Os agricultores de Kanpur cultivam rosas e malmequeres com águas residuais. Em Hyderabad, os agricultores cultivam jasmim com águas residuais.

**Árvores de avenidas e parques:** Em Hyderabad, as águas residuais tratadas secundariamente são utilizadas para irrigar parques públicos e árvores de avenidas.

**Culturas forrageiras**: Em Hyderabad, ao longo do rio Musi, cerca de 10.000 ha de terra são irrigados com águas residuais para cultivar paragrass, uma espécie de erva forrageira.

**Aquacultura:** A pesca com águas residuais de Calcutá Oriental é o maior sistema de utilização de águas residuais em aquacultura do mundo.

# CAPÍTULO- 2
## REVISÃO DA LITERATURA

Com a tendência de crescimento linear da industrialização e da urbanização, verifica-se um enorme aumento da produção de efluentes industriais e de águas residuais tratadas. Esta tornou-se uma das principais fontes de poluição. Existem principalmente três vias de escoamento para a sua eliminação: águas superficiais, atmosfera e terra. A aplicação de lamas de depuração, de águas residuais municipais e de efluentes industriais no solo para eliminação está a ser praticada em muitos locais. No entanto, nem todas as águas residuais podem ser utilizadas em todos os tipos de solo. A terra não deve ser considerada como um depósito de resíduos negligenciado. As qualidades do efluente/água de esgoto afectam a produtividade do solo. Esta depende da qualidade das águas residuais, da quantidade utilizada e do solo em que são utilizadas. Além disso, as condições climáticas locais também afectam a poluição residual no solo. Neste capítulo, tenta-se fazer uma revisão do trabalho efectuado sobre aspectos da utilização de águas residuais como fonte de irrigação e o seu efeito na produção agrícola e nas propriedades do solo.

## 2.1 Efeito da água de esgotos tratada no rendimento, acumulação de nutrientes e qualidade das culturas

A resposta de uma planta a um poluente líquido é uma integração dos efeitos de muitos factores, como o tipo de solo, o clima e a natureza do poluente. Larson et at (1975) afirmaram que os resíduos líquidos industriais podem ser utilizados de forma segura e eficaz, com as devidas precauções, para aumentar a produtividade do solo.

## 2.1.1 Efeito da água de esgoto tratada no rendimento das culturas

Shechenko (1972) relatou que a irrigação com água de esgoto tratada aumentou a produção de grãos de trigo em 22-30,8%, a produção de cevada em 13,9-20,6% e a produção de sementes de ervilha em 16,7-20,1%, mas teve pouco efeito sobre o teor de proteína no grão ou na semente.

Day e Kirkpatrick (1973) estudaram que a aveia cultivada em contentores foi irrigada com águas residuais municipais contendo 24, 9 e 11 ppm de N, P e K, respetivamente, ou com água de poço e deram 112 kg de N + 37 kg de P ha-1 e não foram observadas diferenças na altura da planta, perfilho/planta, rendimento de matéria fresca e proteína total entre a forragem cultivada com água de poço e a cultivada com águas residuais. Os rendimentos de matéria seca foram mais elevados com água de poço e fertilizantes. Uma resposta positiva do rendimento de forragem verde com água de esgoto tratada e fertilizante N foi relatada em milheto de pérola e sorgo por Katoria et al. (1981).

Kutera e Plawinski (1974) descobriram que o milho forrageiro foi cultivado em solo de areia argilosa e irrigado por aspersão com água de esgoto tratada contendo 38,9 mg de N, 14,5 mg de P2O5, 30,1 mg de K2O L-1.Eles relataram que o milho não irrigado que recebeu 80 kg de N, 40 kg de P2O5 e 90 kg de K2O produziu 55,3 t de forragem verde por ha, enquanto o milho que recebeu 180,360 e 540 mm de água de esgoto tratada produziu 53, 57,1 e 60,1 t ha-1, respetivamente, com 40 kg de N ha-1.

Day e Tucker (1977) cultivaram o sorgo para grão em solo franco-arenoso e referiram que o número médio de dias desde a plantação até à maturidade, o comprimento das folhas e o rendimento dos grãos eram mais elevados nas parcelas que recebiam água de poço. Sugeriram que as águas residuais municipais podem ser uma fonte eficaz de água de irrigação e de nutrientes para as plantas na produção de grãos de sorgo de alta qualidade para alimentação do gado.

Feign et al (1978) relataram que o aumento da frequência de irrigação com efluentes de esgoto aumentou a absorção de N pelo capim Rhodes e a irrigação com água de esgoto tratada pode eliminar a aplicação de N sem qualquer redução na produtividade.

Foi efectuada uma experiência de campo no sul do Arizona por Day et al. (1979) para estudar o efeito da irrigação do trigo com uma mistura de água da bomba e águas residuais e apenas com água da bomba no crescimento do trigo, rendimento do grão, qualidade do grão, propriedades do solo e qualidade da água de irrigação. O rendimento do grão mais elevado obtido quando o trigo foi irrigado com a mistura de água da bomba e águas residuais foi superior ao produzido quando o trigo foi cultivado apenas com água da bomba.

Sanai e Shaygan (1980) observaram que o rendimento das parcelas irrigadas com águas residuais tratadas secundariamente era superior ao das irrigadas com água doce, independentemente da aplicação de fertilizantes. O rendimento da luzerna das parcelas irrigadas com água doce (controlo) diminuiu com o tempo, enquanto o rendimento das parcelas com águas residuais aumentou devido à acumulação de nutrientes.

Day et al (1981) revelaram que o algodão irrigado com a mistura de águas residuais e água da bomba cresceu mais alto com mais crescimento vegetativo do que o irrigado apenas com água da bomba. Quando o algodão foi irrigado com a mistura de águas residuais e água da bomba, os rendimentos do algodão em caroço e do algodão em pluma foram superiores aos rendimentos do algodão irrigado com água da bomba. As águas residuais municipais podem ser utilizadas eficazmente como fonte de água de irrigação e de nutrientes para as plantas na produção comercial de algodão.

A influência das águas residuais municipais no crescimento e rendimento da luzerna foi estudada por Day et al.(1982). Os resultados indicaram que a alfafa irrigada com água residual e mistura de água de bomba (50:50) resultou em plantas mais altas e maior rendimento de feno do que a alfafa cultivada apenas com água de bomba. O Mg l-1 deu maior rendimento à cultura do que a irrigação com água simples e a aplicação de NPK.

Nagaraja e Krishnamurthy (1989) estudaram o efeito do esgoto bruto sozinho e com 33, 50 ou 100 por cento da dose recomendada de fertilizantes (100 kg N + 50 kg P2O5 + 50 kg K2O ha1) no rendimento do arroz de 6 cultivares de arroz. Eles relataram que o rendimento médio foi encontrado o mais alto (3,20 t ha1) com esgoto e diminuiu com esgoto + NPK (2,89-2,95 t ha1).

Hayes et al. (1990) relataram que a irrigação com efluentes de esgotos secundários resultou num crescimento mais rápido da relva do que a irrigação com água potável. Além disso, um teor mais elevado de P na água dos efluentes, em comparação com a água potável, promoveu o estabelecimento das plântulas.

Um estudo em estufa efectuado por Narwal et al. (1990) para investigar o efeito da água de esgotos tratada enriquecida com Cd no rendimento do milho indicou que o crescimento das plantas diminuía com o aumento da concentração de Cd aplicado e que, nos solos arenosos, 400 ppm de Cd matavam as plantas em 2 semanas.

Singh et al. (1993) realizaram uma experiência para estudar as três fontes de água e verificaram que todas elas não tinham problemas de salinidade e continham apenas quantidades insignificantes de nitrato e N amónico, com baixo teor de P e K, sendo seguras para a irrigação. Independentemente da taxa de NPK, a irrigação com água de esgoto tratada produziu a maior produção de forragem, seguida pela água de efluentes de fábrica e água de poço tubular. O alto rendimento obtido com a água de esgoto tratada estava relacionado com o seu alto teor de on e, portanto, a resposta ao NPK foi ligeira ou adversa (a taxas elevadas), enquanto a resposta às taxas de NPK foi evidente com a água do poço tubular, que era pobre em nutrientes.

Zalawadia e Raman (1994) relataram que o sorgo cv. GJ-36 irrigado com água residual de destilaria diluída e fornecido com 75% dos fertilizantes NPK recomendados deu um rendimento semelhante ao tratamento irrigado com água de poço e fornecido com a taxa de fertilizante NPK recomendada.

Singh et al. (1995) realizaram uma experiência de campo em Rishikesh (Uttar Pradesh) com sorgo, milho e feijão-frade com água de esgoto tratada e efluentes de uma fábrica farmacêutica ou água de um poço tubular e receberam 0, 50, 100 ou 150 kg de N + 60 kg + 40 kg de K ha1 ou nenhum fertilizante. Os rendimentos forrageiros do sorgo e do milho foram mais elevados com águas residuais tratadas e mais baixos com água de poços tubulares. A aplicação de fertilizantes, em geral, aumentou o rendimento forrageiro. A resposta à aplicação de NPK foi consistente no milho e sorgo irrigados com poços tubulares, mas variável nos tratamentos irrigados com esgoto tratado ou efluente de fábrica. A produção de forragem de feijão-frade não foi afetada pela fonte de irrigação ou pela aplicação de fertilizantes.

Tiwari et al (1996) estudaram a influência da água de esgoto tratada e da água de poço com diferentes níveis de fertilizante no arroz e nas propriedades do solo. A produção de grãos e palha de arroz aumentou com a aplicação de todos os níveis de fertilizante, quer com água de esgoto tratada, quer com água de poço tubular.

Bhatia et al (2001) estudaram o efeito da aplicação de águas residuais no conteúdo e absorção de nutrientes, identificaram os problemas associados à utilização de águas residuais e sugeriram métodos ambientalmente seguros de aplicação de águas residuais na agricultura. A aplicação de águas residuais aumentou o rendimento das culturas em comparação com a irrigação com água doce.

Malarvizhi e Rajamannar (2001) relataram que a irrigação com água de esgoto aumentou significativamente o rendimento de forragem verde. O efeito de interação entre 100 kg de N e a irrigação com água de esgoto tratada registou o maior rendimento de forragem verde de 357 t ha-1.

## 2.1.2 Efeito da água de esgotos tratada na acumulação de nutrientes e na qualidade das culturas

Day et al (1974) referiram que as plantas de trigo cultivadas com águas residuais contêm um teor de fibra total mais elevado do que as plantas produzidas com água de poço. Obteve-se uma maior produção de feno quando o trigo foi cultivado com águas residuais, seguido de feno produzido com água de poço mais N, P e K em quantidades presentes nas águas residuais. A aplicação de N reduziu favoravelmente o teor de fibra bruta da forragem através do aumento da suculência, um fator muito relacionado com a ingestão de alimentos. O teor de fibra bruta do sorgo forrageiro foi alterado em grande medida pela irrigação com águas residuais e o valor mais elevado foi observado com a lavagem doméstica (Gladis, 1995).

Menser et at (1979) relataram que a irrigação com lixiviado (aterro sanitário municipal) aumentou apreciavelmente o conteúdo de Na, Fe, Mn, CI e S em todas as gramíneas forrageiras, exceto na erva orquídea. Os metais pesados (Zn, Cu, Pb, Cd, Ni e Co) nas seis gramíneas forrageiras mostraram alterações muito ligeiras na concentração após oito meses de irrigação com lixiviado. Olsen et al (1978) observaram que o Cd era o único metal que se acumulava no material vegetal recolhido em locais que recebiam água de esgotos, enquanto Ni, Ag, Pb, Mn e Co não eram encontrados na planta. A aplicação de água de esgoto tratada aumentou o conteúdo de N e K nas plantas (Palazzo e Jenkins, 1979).

Kansal e Singh (1983) observaram que as plantas (milho, bérberis, couve-flor, espinafres) colhidas em solos irrigados com águas residuais municipais tinham um teor consideravelmente mais elevado de Fe, Mn, Zn, Cu, Pb e Cd do que as plantas provenientes de solos irrigados com tubos.

Bole et al.(1985) relataram que a aplicação de 98 cm yr-1 de águas residuais municipais à alfafa e ao junco canário aumentou o teor de N, P, K, Fe, Mn, Zn, Cu, Ffe, e na alfafa e K, Fe, Zn, Co, Pb e As no junco canário. A irrigação com águas residuais não conduziu a níveis de qualquer elemento fitotóxico para as plantas ou prejudicial para os animais que consomem a forragem e provavelmente aumentou a qualidade nutricional da forragem.

Jeyaraman, (1988) estudou o efeito da aplicação de 0, 20, 40, 60 ou 80 kg N ha-1 na matéria seca (DM) e na produção de proteína bruta (PC) do capim Napier híbrido cultivado com água de efluentes de esgotos num solo franco-argiloso arenoso. As taxas crescentes de N aumentaram 1,87 a 5,32 t PC ha1 e os teores de PC de 7,49 a 9,96 por cento em 2 anos de ensaio. Vitkovaskii (1981) observou um maior teor de proteína bruta no capim napier com a aplicação de N até 360 kg N ha-1 ano-1. Medicogo sativa irrigada com água de esgoto tratada e água do canal deu um rendimento de proteína bruta de 1,77 e 1,44 t ha-1, respetivamente (Andreev e Grislis, 1990).

Khatari e Jamajum (1988) observaram que o teor de Ni, Cd e Pb nas folhas e sementes não foi afetado, enquanto o teor de N e K aumentou devido à irrigação com águas residuais tratadas, no entanto, o teor de P tendeu a reduzir-se marginalmente.

Um estudo em estufa realizado por Narwal et ah (1991) para investigar o efeito da água de esgoto tratada enriquecida com Ni no rendimento e no teor de metais pesados do milho indicou que a aplicação de água de esgoto tratada durante oito anos no solo não resultou em qualquer acumulação de Ni, Zn, Mn, Fe e Cu nos tecidos das plantas.

Singh et al (1991) relataram que a concentração de Fe, Mn, Zn, Cu, Pb, Cd, Ni e Cr nos tecidos das plantas aumentou significativamente com o aumento do número de irrigações com água de esgoto tratada.

Uma experiência de campo efectuada por Arora e Chftibba (1992) em Ludhiana revelou que o solo irrigado com águas residuais era menos alcalino e continha mais Cu disponível e menos $CaCO_3$ e matéria orgânica do que o solo não tratado. A irrigação com água de efluentes aumentou o nível de Cu e Fe, enquanto baixou o teor de Mn e S no trigo. O conteúdo de Mn e Cu do arroz foi aumentado pela irrigação com água de efluentes. Houve uma menor incidência de deficiências de micronutrientes em solos irrigados com água de efluentes.

Gadallah (1994) observou que as plantas tratadas com águas residuais tinham níveis mais elevados de açúcares solúveis, hidratos de carbono hidrolisáveis e proteínas solúveis do que as plantas de controlo, enquanto o teor de aminoácidos era variável. As plantas cultivadas com águas residuais acumularam maior quantidade de Fe e Na, e Mn em menor grau nas suas raízes[A] enquanto as concentrações de CI, Mg, Ca, P e Zn foram maiores nos rebentos.

Gladis et al (2000) estudaram o efeito da irrigação com águas residuais e das taxas de fertilização com N e P no teor de ácido cianídrico (HCN) e nitrato (NO3) do sorgo forrageiro cv. Co.27. Os teores de HCN e NO3 foram elevados na forragem irrigada com águas residuais e o valor mais elevado foi obtido na lavagem do estábulo I do gado. A aplicação de N aumentou, enquanto o P diminuiu estes componentes tóxicos na forragem. Com o avanço do crescimento da cultura, observou-se uma diminuição do teor de HCN e NO3.

Malarvizhi e Rajamannar, (2001) relataram que a irrigação com água de esgoto tratada resultou em maior teor de K, Ca, Fe, Mn e Zn no capim BN-2. Observou-se uma diminuição no teor de fibra bruta devido à maior aplicação de N em ambas as fontes de água de irrigação, devido ao seu envolvimento na síntese de proteínas. A análise química de metais em partes de plantas mostrou que Cu, Fe e Zn eram muito mais elevados em plantas colhidas em locais com água de esgoto tratada (Campbell et al, 1983).

Malik et al. (2004) determinaram a extensão da acumulação de micronutrientes (Zn, Cu, Fe e Mn) e metais pesados (Cd, Cr, C0, Ni e Pb) em alguns solos e culturas irrigados com água de esgoto tratada. Os autores referiram que o Pb não foi detectado em nenhuma das culturas. A concentração de Cd e Ni foi máxima nas culturas forrageiras, enquanto a de Cr e Co foi máxima nas culturas oleaginosas. O Zn, o Cu e o Fe foram detectados em quantidades máximas nas culturas hortícolas, ao passo que se observou uma maior concentração de Mn nas culturas forrageiras.

Fonseca et al (2005) relataram que a água de irrigação com efluente de esgoto tratado secundariamente não afetou o conteúdo de S, B, Cu, Fe e Mn de manganês em brotos de plantas adequadamente fertilizadas, mas induziu um declínio no conteúdo de Zn nos brotos.

2.2  Efeito da água de esgoto tratada nas propriedades do solo

A utilização de efluentes como água de irrigação tem sido reportada como afectando os micróbios do solo (Emmimath e Rangaswami, 1971), retardando o processo de nitrificação (Pang et al, 1975), reduzindo o pH do solo (Intraweck et al, 1982), aumentando a poluição das águas subterrâneas (Smith, 1976), resultando na acumulação de sais (Subbiah e Ramalu, 1979), aumentando as perdas de N através da lixiviação, volatilização e desnitrificação (Smith, 1976), etc. No entanto, se for utilizado de forma correta, pode não criar qualquer problema e, muitas vezes, foi referido que melhora a produtividade do solo (Adarkatti e Rao, 1980 e Anon., 1989) e reduz a fatura de fertilizantes (Noy e Kalmar, 1970)

Em Israel, com base em 25 anos de experimentação, Noy e Akiva (1977) relataram que a irrigação com água de efluentes com um teor de matéria orgânica de 150 g m-3 aumentou a CEC e o teor de matéria orgânica do solo. Olsen et al.

(1978) registaram que o Ag, o Cd e o Pb eram mais elevados na camada superficial do solo que recebia efluentes de águas residuais. Não se registou uma acumulação significativa de metais.

Cunningham et al (1975) concluíram que a absorção de Cr pelas culturas diminuía significativamente à medida que a concentração de Cr nas lamas aumentava, indicando que o Cr poderia estar a inibir a translocação de outros metais. Este facto foi confirmado pela análise dos tecidos, que mostrou que, com o aumento do Cr das lamas, as concentrações de outros metais nos tecidos diminuíam. As concentrações teciduais de Cu e Zn foram consistentemente de 20 e 400 ppm, respetivamente e, portanto, estavam na faixa tóxica considerada para as plantas.

Ramanathan et al (1977) relataram maior teor de N disponível no solo irrigado com esgoto do que no solo irrigado com água de poço. A aplicação combinada de adubo orgânico (FYM) e fertilizantes na proporção 50:50 @ 100 kg N ha-1 juntamente com 80 kg P2O5 ha1 sob irrigação de esgoto aumentou os nutrientes disponíveis (N e P) após a colheita da cultura forrageira (Tripathi e Hazra, 1996). Palazzo e Jenkins (1979) afirmaram que as águas residuais forneciam anualmente 231 a 433 kg ha1 de N e 36 a 153 kg ha-1 de K.

Abdou e Nennah (1980) realizaram uma experiência de campo numa zona de areia argilosa onde as lamas de depuração líquidas da cidade do Cairo foram utilizadas como fonte de irrigação durante 2, 25, 35 e 45 anos. Relataram que, com a utilização de lamas líquidas de esgotos ano após ano, as formas totais e solúveis de micronutrientes (Fe, Mn e Zn) aumentaram nos solos. Posteriormente, Nennah et al. (1982) verificaram que a utilização de efluentes de esgotos aumentou o teor de 0 solúveis e de metais pesados (Pb, Cd, Cu, Cr e Co) nos solos do Cairo.

A irrigação a longo prazo com águas residuais (2000-4000 mm por ano) aumentou o teor de matéria orgânica do solo e melhorou as propriedades físicas, químicas e hidrológicas do solo (Bocko, 1980). Rana e Kansal (1983) referiram que os solos irrigados com águas residuais tratadas tinham um pH elevado, um teor de carbono orgânico e retinham uma maior quantidade de Cd com elevada tenacidade. O pH, a CE, o carbono orgânico e o teor total de NPK dos solos irrigados com água de esgotos tratada foram relativamente mais elevados do que os da água de poço (Tiwari et al., 1996).

O efeito de 90 dias de irrigação por gotejamento com efluentes de esgoto na redistribuição de água após a irrigação foi investigado por Burns e Rawitz (1981) em colunas de solo contendo duas camadas de solo de diferentes texturas e conteúdo de matéria orgânica. Os resultados indicaram que o aumento na retenção de água no solo sob irrigação com efluentes foi devido à adição de sódio e matéria orgânica no solo através de águas residuais, que interagiram na superfície ativa das partículas do solo.

A adição de lamas de depuração a resíduos de culturas aumentou o teor de N e acelerou a decomposição dos resíduos durante a incubação em laboratório. Os teores de P e K aumentaram e a relação C/N foi reduzida pelo tratamento com lamas de depuração, o que também estimulou a população de bactérias, actinomicetas e fungos (Rajasekaran e Sampathkumar, 1981).

Baddesha et al (1986) concluíram que a água de esgoto tratada de Haryana tinha pH 7,0 a 7,5, CE 0,93 a 2,87 dSm-1 e rácio de adsorção de sódio 1,56 a 5,96 meq l-1. As cinco irrigações de 7,5 cm ha-1 de água de esgoto tratada forneceriam por hectare 181 kg N, 28

kg P, 270 kg K, 130 kg S, 1,3 kg Zn, 0,8 kg Cu, HS kg Fe e 1,4 kg Mn. A água tinha uma baixa carência bioquímica de oxigénio (CBO) e continha poucos elementos tóxicos (Pb, Cd e Nl).

El-Naim et al (1986) investigaram o efeito de períodos variáveis de aplicação de água de esgotos tratada (0, 1, 2, 3, 4 e 5 anos) nas propriedades físicas do solo. O espaço poroso diminuiu com o aumento do período de aplicação de águas residuais tratadas, tendo diminuído devido ao aumento das fracções de argila fina e do teor de matéria orgânica. A capacidade de retenção de água diminuiu com o aumento do período de aplicação de águas residuais tratadas. O aumento da aplicação de água de esgoto tratada foi associado a uma diminuição acentuada da taxa de infiltração básica (BIR). Jurcova et al (2001) observaram! Que o aumento do teor de argila diminuiu a mineralização do C, enquanto que esta diminuiu com o aumento das fracções de areia.

Singh e Kansal (1983) referiram que a aplicação de águas residuais municipais aumentava a acumulação de Fe, Mn, Zn, Cu, Pb e Cd disponíveis nos solos.

Azad et al (1986) observaram que o teor total de Cd, Ni e Co na camada superficial de solos normais (isto é, não irrigados com águas residuais tratadas) variava entre 0,53 e 1,05, 18,0 e 30,0 e 11,0 e 21,0 ppm, respetivamente. Os valores correspondentes para solos tratados com água de esgoto foram de 0,83 a 1,58, 35,0 a 65,0 e 16,0 a 31,0 ppm, respetivamente.

Azad et al. (1987) confirmaram que o teor de N disponível nos solos de topo irrigados com água de esgotos tratada e água de poços tubulares era de 87 e 51 ppm, respetivamente, e diminuía com a profundidade; o teor de P disponível seguia uma tendência semelhante. Os teores totais de P e K dos solos tratados com águas residuais eram 47 e 34% superiores, respetivamente, aos dos solos irrigados com poços tubulares; o P total diminuía e o K total aumentava com a profundidade. Malik et al. (2004) registaram uma concentração mais elevada de micronutrientes em solos irrigados com águas residuais do que em solos não irrigados. O teor de metais pesados era bastante variável, mas as suas concentrações nas amostras de solo encontravam-se dentro de limites seguros.

Janowska (1987) estudou árvores florestais num solo arenoso irrigado com diferentes taxas de água de esgoto e de poço. A irrigação com água de esgotos tratada (até 100 mm semana-1) afectou favoravelmente o pH do solo, a CEC, o N total, o C orgânico e a % de saturação de bases. A salinização não foi evitada devido à rápida lixiviação. A irrigação com água de poço também se revelou favorável, no entanto, foi menos extensa para as transformações do solo.

# CAPÍTULO- 3

## MATERIAIS E MÉTODOS

Este capítulo trata dos materiais utilizados e da metodologia adoptada para a realização da experiência na área de estudo do campus de JAU para a conceção da estação de tratamento de águas residuais.

## 3.1 LOCALIZAÇÃO DA ESTAÇÃO DE TRATAMENTO

A estação de tratamento deve estar localizada o mais próximo possível do ponto de descarga, mas atualmente não existe um sistema de drenagem de águas residuais no campus, que deve ser criado em primeiro lugar. Se, finalmente, as águas residuais forem aplicadas no solo, a estação de tratamento deve estar localizada perto do solo, num local onde as águas residuais tratadas possam fluir diretamente sob força gravitacional para o ponto de eliminação. A estação de tratamento não deve estar muito longe da origem das águas residuais para reduzir o comprimento da linha de esgotos.

Por outro lado, o local não deve estar próximo da área em causa, pois pode causar dificuldades na expansão da área em causa e pode poluir a atmosfera geral através do cheiro e do incómodo das moscas. Na área em questão, a inclinação geral do terreno é observada de nordeste para sudoeste, se a fábrica se estabelecer a sudoeste, então pode haver um problema de poluição da atmosfera geral por cheiro e incómodo de moscas.

**Fig 3.1 Lado proposto para o STP**

## 3.2   ESQUEMA DA ESTAÇÃO DE TRATAMENTO

No que diz respeito à estação de tratamento de águas residuais, deve ter-se em conta o seguinte

- Todas as instalações devem estar localizadas por ordem sequencial, de modo a que as águas residuais de um processo sejam diretamente encaminhadas para outro processo.
- Se possível, todas as instalações devem estar localizadas a uma altitude tal que as águas residuais possam fluir de uma instalação para outra apenas sob a força da gravidade.
- Todas as unidades de tratamento devem ser dispostas de modo a que seja necessária uma área mínima, o que também garantirá uma economia no seu custo.
- Deve ser ocupada uma área suficiente para uma futura extensão.
- Os quartos e escritórios do pessoal também devem ser instalados perto da estação de tratamento, para que os operadores possam observar facilmente a estação.
- O local da estação de tratamento deve ser muito limpo e ter uma boa aparência.
- Deve ser previsto um açude de derivação e de transbordo para cortar o funcionamento de qualquer unidade quando necessário.
- Todos os canais e condutas devem ser instalados de forma a obter flexibilidade, comodidade e economia na operação.

## 3.3   PERÍODO DE CONCEPÇÃO

Um projeto de saneamento implica a colocação de condutas subterrâneas de esgotos e a construção de unidades de tratamento dispendiosas, que não podem ser substituídas ou aumentadas nas suas capacidades de forma fácil ou conveniente numa data posterior. A fim de evitar tais complicações, as futuras expansões do campus e o consequente aumento da quantidade de esgotos devem ser previstos para servir satisfatoriamente a comunidade durante um ano razoável. O período futuro para o qual se prevê o dimensionamento das capacidades

dos vários componentes do sistema de esgotos é conhecido como período de conceção. Esta estação de tratamento de águas residuais foi projectada para 30 anos.

**Quadro 3.1 Relatório de ensaio de amostras de águas residuais do Campus JAU**

| PARÂMETROS | ESGOTOS BRUTOS do campus de JAU | EFLUENTE (previsto) |
|---|---|---|
| pH | 7.33 | 5.5-9.0 |
| CBO | 106.87 | < 20 mg/l |
| COD | 100.26 | < 250 mg/l |
| Óleos e gorduras | NA. | < 5 mg/l |
| Sólidos suspensos totais | 33.04 | < 30 mg/l |
| Nitrogénio | NA. | < 5 mg/l |
| Amoníaco Nitrogénio | NA. | < 50 mg/l |
| Fósforo total (como $PO_4$) | NA. | < 5 mg/l |
| Forma de Coli total | $5.29 \times 10^6$ | < 1000 no/100 ml |

## 3.3.1 PREVISÃO DA POPULAÇÃO:

Método de previsão: **Método de aumento incremental.**

**Quadro 3.2 Previsão da população do campus JAU**

| Ano | População | Incremental | Incremental Aumentar |
|---|---|---|---|
| 2012 | 1418 | 10% | 141.8 |
| 2022 | 1560 | 10% | 156 |
| 2032 | 1716 | 10% | 171.6 |
| 2042 | 1888 | 10% | 188.8 |
| | | Média =10% | Média=164,55 |

## 3.3.2 CÁLCULO DA PRODUÇÃO DE ÁGUAS RESIDUAIS:

Período de projeto final = 30 anos

População atual em 2012=1418(Anexo-A)

População prevista para 2042=1888 (Anexo B)

Abastecimento de água per capita = 152 lpcd (Anexo C)

Abastecimento médio de água por dia = 1888 x 152

$$= 286976$$

$$= 0,28 \text{ MLD}$$

Produção média de esgotos por dia = 80% da água fornecida

$$= 0.8 \times 0.28$$

$$= 0,224 \text{ MLD}$$

Em cumec,

Produção média de esgotos por dia $= \dfrac{0.224 \times 10^6}{1000 \times 24 \times 60 \times 60}$ (Garg-1996)

Descarga média =0,002824cumec

Máx. Descarga= 3 x descarga média

$$= 3 \times 0.0028$$

$$= 0,008472 \text{cumec}$$

### 3.3.3  PONTO CONSIDERADO NA CONCEPÇÃO:

Os seguintes pontos são considerados durante a conceção da unidade de tratamento de águas residuais:

- O período de projeto deve ser considerado entre 25 e 30 anos.
- A conceção não deve ser feita com base no caudal horário de águas residuais, mas sim no caudal doméstico médio com base no registo anual.
- Em vez de fornecer uma unidade grande para cada tratamento, devem ser fornecidas mais de duas unidades pequenas, o que permitirá um funcionamento sem paragens durante a manutenção e a reparação da instalação.
- Devem ser previstos açudes de transbordo e derivações para cortar a operação específica, se desejado.
- A velocidade de auto-limpeza deve desenvolver-se em todos os locais e fases.
- A conceção das unidades de tratamento deve ser económica, de fácil manutenção e com flexibilidade de funcionamento.

## 3.4  CÂMARA DE RECEPÇÃO

A câmara de receção é a estrutura destinada a receber as águas residuais brutas recolhidas através do Sistema de Esgotos Subterrâneos da área do campus. Trata-se de uma tanque de forma retangular construído à entrada da estação de tratamento de águas residuais.

O tubo de esgoto principal está diretamente ligado a este tanque.

## - DESENHO:

Caudal de projeto =0,0084cumec

Tempo de detenção = 24X 60X 60 seg. (1/2 dia)

Volume necessário = caudal X tempo de detenção

$$= 0{,}0084x\ 3600\ x\ 12$$

$V_{rqd}=$ 362,88 m$^3$

Prever, profundidade = 2,5m

Área $=\dfrac{362{,}88}{2{,}5}$ = 145,152 m$^2$

Aqui, fornecemos um tanque recetor circular

então, Área do círculo= $^\wedge$ x $D_2$= 145,152

D = 13,6 m digamos 14 m

### [Diâmetro do tanque recetor 14 m e profundidade do tanque 2,5m].
## - VERIFICAR:

Volume projetado =153,86 x 2,5

$V_{des}=$ 384,65 m$^3$

$V_{rqd}=$362,88 m$^3$

$V_{des}>V_{rqd}$

A câmara de receção foi concebida para o tamanho de 14 m0X 2,36 m(SWD)+0,14m(FB)=388,65 m$^3$

*Queremos que* a nossa ETAR funcione durante 3 horas por dia.

$$=\dfrac{362.88}{1.5X3600}=0.0672\text{m}^3/\text{s}$$

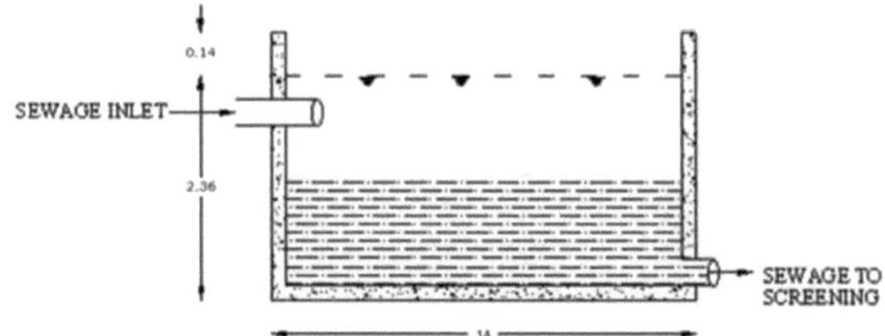


**Fig 3.2 Vista em corte transversal da câmara recetora**

# 3.5 RASTREIO GERAL:

O rastreio é a primeira operação efectuada numa estação de tratamento de águas residuais

**de modo a reter e remover as matérias flutuantes, tais como folhas de árvores, papel, gravilha, pedaços de madeira, trapos, fibras, tampões e resíduos de cozinha, etc.**

1 Tubo de entrada para o STP. Detritos

2 Muck (sedimentos nas águas residuais)

3 Grelha

4 Esgoto filtrado

5 Tubo de saída (vai para o

6 Tanque de equalização) Plataforma com furos de drenagem

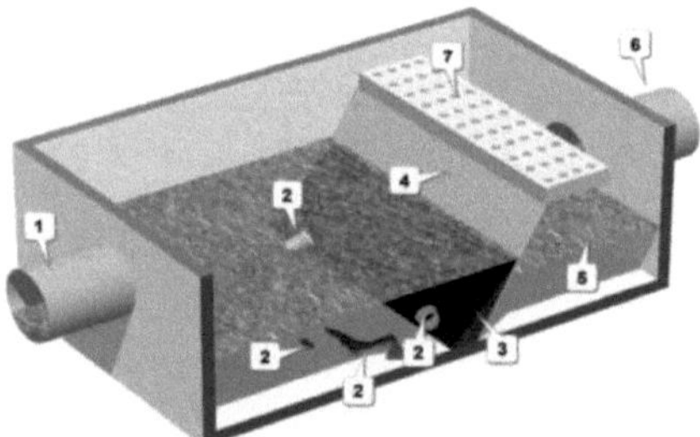

**Fig 3.3 Uma câmara típica de crivo de barras**

- **OBJECTIVO DO RASTREIO:**

O rastreio é essencial no tratamento de águas residuais para a remoção de materiais que, de outra forma, danificariam a instalação ou interfeririam com o funcionamento satisfatório da unidade de tratamento ou do equipamento.

- Para proteger as bombas e outros equipamentos de possíveis danos causados por matérias flutuantes.
- Remover as principais matérias flutuantes das águas residuais brutas de uma forma simples, antes de entrarem no complexo processo de alta energia necessário.

- **ECRÃS GROSSOS**

Os crivos grosseiros consistem essencialmente em barras de aço ou planos colocados com uma inclinação de 30° a 60° em relação à horizontal. A abertura entre as barras é de 50 mm ou superior. Estas grelhas são colocadas na câmara de crivagem prevista no caminho da linha de esgotos.

A largura do canal da cremalheira deve ser suficiente para permitir a velocidade de auto-limpeza e deve ser previsto um canal de derivação para evitar o transbordo. O canal de derivação é dotado de um crivo de barras verticais. É prevista uma calha bem drenada para armazenar as impurezas durante a limpeza da grelha. A limpeza destas estantes é efectuada mecanicamente.

- **Função**

A função do crivo de barras é impedir a entrada de partículas/artigos sólidos acima de uma determinada dimensão, tais como copos de plástico, pratos de papel, sacos de polietileno, preservativos e pensos higiénicos na STP. (Se estes objectos puderem entrar na ETAR, entopem e danificam as bombas da ETAR e provocam a paragem da instalação). O rastreio é conseguido através da colocação de um crivo feito de barras verticais, colocado ao longo do fluxo de esgotos.

> Os intervalos entre as barras podem variar entre 10 e 25 mm.

> As STP de maiores dimensões podem ter dois crivos: Um crivo de barras grossas com intervalos maiores entre as barras, seguido de um crivo de barras finas com intervalos menores entre as barras.

> Nas estações de tratamento de águas residuais mais pequenas, pode ser

adequado um único crivo de barras finas.

Se este aparelho for deixado sem vigilância durante longos períodos de tempo, irá gerar uma quantidade significativa de odores: irá também resultar em acumulação de águas residuais nas condutas e câmaras de entrada.

**- Considerações sobre o funcionamento e a manutenção**

> Verificar e limpar o ecrã da barra em intervalos frequentes.

> Não permitir que os sólidos transbordem/se escapem do crivo.

> Assegurar que não se formam grandes fendas devido à corrosão do ecrã.

> Substituir imediatamente o crivo da barra corroído ou inutilizável.

- **Resolução de problemas**

| Problema | Causa |
|---|---|
| Os artigos de grandes dimensões passam e estrangulam as bombas | As partículas grandes passam e estrangulam as bombas<br>Má conceção / mau funcionamento / ecrã danificado |
| O nível da água a montante é muito superior ao nível a jusante | Mau funcionamento (limpeza inadequada |
| Recolha excessiva de lixo no ecrã | Mau funcionamento |
| Odor excessivo | Práticas incorrectas de funcionamento / eliminação de lixo |

- **Critérios de conceção**

Os critérios de conceção aplicam-se mais ao dimensionamento e às dimensões da câmara do crivo do que ao próprio crivo.

> A câmara de crivagem deve ter uma área de abertura transversal suficiente para permitir a passagem das águas residuais no caudal máximo (2,5 a 3 vezes o caudal médio horário) a uma velocidade de 0,8 a 1,0 m/s,

(A área da secção transversal ocupada pelas barras do próprio ecrã não        é para serem contabilizados neste cálculo).

> O crivo deve estender-se do pavimento da câmara até um mínimo de 0,3 m acima do nível máximo de projeto das águas residuais na câmara em condições de pico de caudal.

## - CONCEPÇÃO DO CRIVO GROSSEIRO:

Descarga máxima de esgotos = 0,0672 m$^3$ /s

Assumir que a velocidade no caudal médio não pode exceder 0,8 m/s

A área líquida da abertura do ecrã necessária $= \dfrac{0.0672}{0.25}$

$$= 0.268 \text{ m}^2$$

Abertura livre entre barras =30 mm = 0,03 m

Tamanho das barras = 75 mm x 10 mm

Assumir a largura do canal = 1m (Garg-1996)

As barras do ecrã são colocadas a 60° em relação à horizontal (Garg-1996).

Velocidade através do crivo no caudal máximo = 1 m/s (Garg-1996)

Área livre $= \dfrac{0.268}{1 \sin 60}$(Garg-1996)

$$= 0.308 \text{ m}^2$$

Número de aberturas livres $= \dfrac{0.308}{0.03}$

$$= 10,26\text{Nós}$$

Digamos 12 barras com um espaçamento de 30 mm.

Largura do canal = (12 x 10) + (13 x 30)

$$= 510 \text{ mm} = 0,51 \text{ m}$$

Fornecer largura do canal = 0,51 m

O canal do crivo grosso foi concebido para o tamanho de

**[ 0,51 m X 0,7 m (SWD) + 0,3 m (FB) ]**

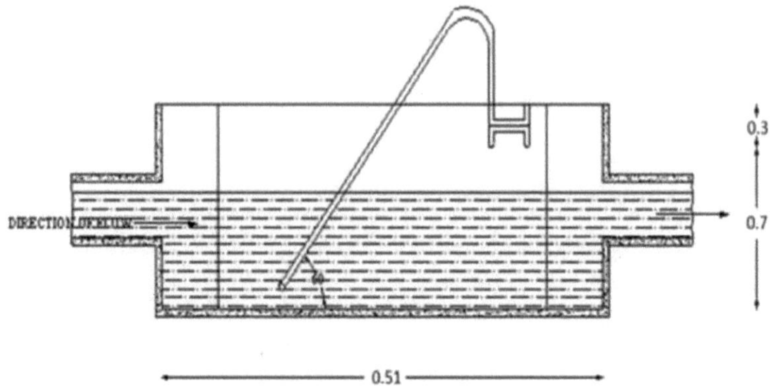



**Fig 3.4 Secção do crivo grosseiro**

## 3.6 CÂMARA DE AREIA

As bacias de remoção de granalha são bacias de sedimentação colocadas em frente do crivo fino para remover as partículas inorgânicas com gravidade específica de 2,65, como areia, cascalho, granalha, cascas de ovos e outros materiais não pulverizáveis que podem obstruir os canais ou danificar as bombas devido à abrasão e para evitar a sua acumulação nos digestores de lamas.

Neste caso, a câmara de trituração de tipo fluxo horizontal é concebida de modo a proporcionar uma velocidade de fluxo horizontal em linha reta, que é mantida constante ao longo de uma descarga variável.

**- DESENHO:**

Caudal de pico das águas residuais = 0,0672 m$^3$ /s

Assumir um período médio de detenção = 180 s

Volume arejado= 0,0672 x 180 = 12,096 m$^3$

Assumir uma profundidade de 2,5 m e um rácio largura/profundidade de 2:1

Largura do canal = 2,5 x 2

$$= 5 \text{ m}$$

Comprimento do canal $= \dfrac{12.096}{2.5 \times 5}$

$$= 0.968 \text{ m}$$

Aumentar o comprimento em cerca de 20% para ter em conta a entrada e a saída (Garg-1996)

Fornecer comprimento = 0,968 x 1,2 m

$$= 1.16\text{m}$$

Isto não é viável, pelo que o comprimento é de 1,2 m (Garg-1996)

A câmara de granalha foi concebida para o tamanho de

**[ 1,2mX 5m X 2,5m ]**

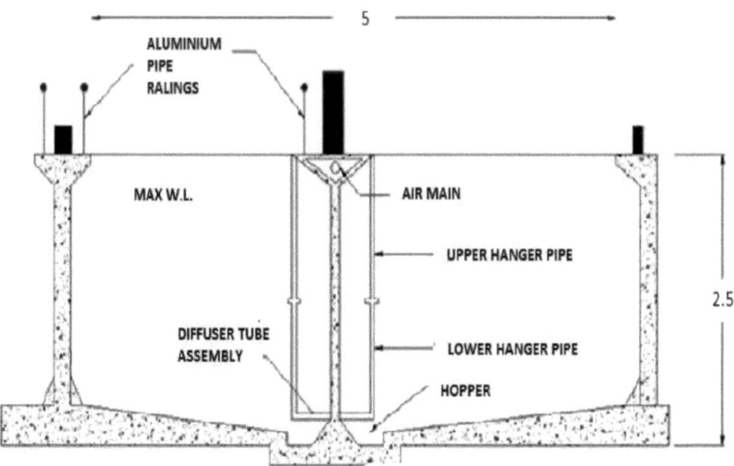


**Fig 3.5 Secção do canal de arejamento**

## 3.7 TELA FINA

Os crivos finos são as estruturas construídas entre as câmaras de areia e o tanque de sedimentação primário para remover uma certa quantidade de sólidos em suspensão das águas residuais. Os filtros finos ficam frequentemente obstruídos e necessitam de limpeza frequente. O metal utilizado é o latão, uma vez que é mais resistente à ferrugem e à corrosão.

Aqui, o crivo fino do tipo disco é concebido e a malha de arame do crivo é feita de metal de latão. O crivo fino é ligado a motores eléctricos. O crivo obstruído é frequentemente limpo com uma escova cónica.

## - DESENHO

Caudal de projeto = 0,0672cumec

Velocidade de projeto do caudal médio = 0,8 m/s (Garg-1996)

Área líquida da abertura do ecrã necessária $= \dfrac{0.0672}{0.8}$(Garg-1996)

$$= 0.084 \text{ m}^2$$

Utilização de barras de aço rectangulares na tela, com uma largura de 3 mm e colocadas com um espaçamento livre de 3 mm

A área bruta do ecrã necessária $= \dfrac{0.084 \times 4}{3}$

$$= 0.112 \text{ m}^2$$

Supondo que as barras do ecrã são colocadas a 40° em relação à horizontal.

A área bruta do ecrã necessária = 0,112/sin 40

$$= 0.174 \text{ m}^2$$

Na velocidade máxima de projeto = 1,6 m/s

**[SWD fornecido = 0,3 m]**

Largura do canal $= \dfrac{\text{gross area}}{\text{SWD}}$ (Garg-1996)

$$\dfrac{0.174}{0.3}$$

$$= 0.58 \text{ m}$$

**[Fornecer uma barra de 3 mm de espessura e um vidro transparente de 3 mm].**

N.º de barras $= \dfrac{\text{Width of channel}}{\text{thickens of bar + clear opining}}$(Garg-1996)

$$= \frac{0.58}{0.003 + 0.003}$$

$$= 96{,}66 \text{ n.}^{\circ}\text{s.}$$

$$\sim 97 \text{ nos.}$$

**[Assim, o número de barras = 97, a espessura da barra = 3 mm, a abertura livre entre duas barras = 3 mm**

**A profundidade das águas residuais é de 0,3 m, a profundidade de projeto é de 0,582 m]**

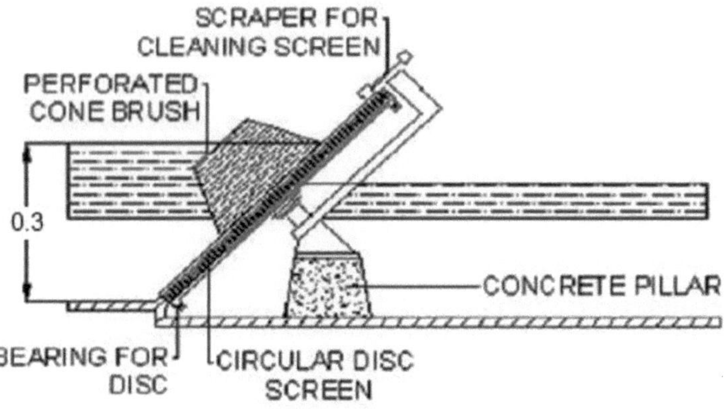


Fig 3.6 Secção transversal de um crivo fino do tipo disco

## 3.8 TANQUE DE ESCUMAÇÃO

Os tanques de desnatação são os tanques que removem óleos e gorduras das águas residuais construídos antes dos tanques de sedimentação. As águas residuais brutas das residências e dos albergues contêm óleos, gorduras, ceras, sabões, ácidos gordos, etc. A matéria gordurosa e oleosa pode formar uma espuma inestética e odorífera na superfície dos tanques de decantação ou pode interferir com o processo de lamas activadas.

No tanque de escumação, o ar é soprado juntamente com cloro gasoso através de um difusor de ar colocado no fundo do tanque. O ar ascendente tende a coagular e solidificar a gordura, fazendo-a subir para o topo do tanque, enquanto o cloro destrói o efeito coloidal protetor das proteínas, que mantém a gordura em forma emulsionada. Os materiais gordurosos são recolhidos da parte superior do tanque e são desnatados por equipamento mecânico especialmente concebido para o efeito.

**DESENHO**

A superfície necessária para o reservatório $A=\dfrac{6.22 \times 10^{-3} \times q}{V_r} \ m^2$ (Garg-1996)

Onde, q= caudal de esgotos em m$^3$/dia

$V_r$= velocidade mínima de subida do material oleoso a ser removido em m/min q =

    0,0672 x 60 x 60 x24

    = 5806,08m$^3$/dia


    Vr = 0,25 m/min

    = 0,25 x 60 x 24

    = 360 m/dia

$$A=\dfrac{6.22 \times 10^{-3} \times 5806.08}{360}$$

    A=0,1 m$^2$

**[Desde que a profundidade da cuba de desnatação seja de 2,5 m]**

O rácio comprimento/largura é de 1,5: 1

Por conseguinte, L = 1,5B

L x B = 1,5B$^2$

Por conseguinte, B= 0,26 m, o que não é viável, ou seja, 0,9 m

L = 1,215 m digamos 1,25

**O tanque de escumação é concebido para o tamanho de 1,25m X 0,90m X 2,5m + 0,5m (FB)**

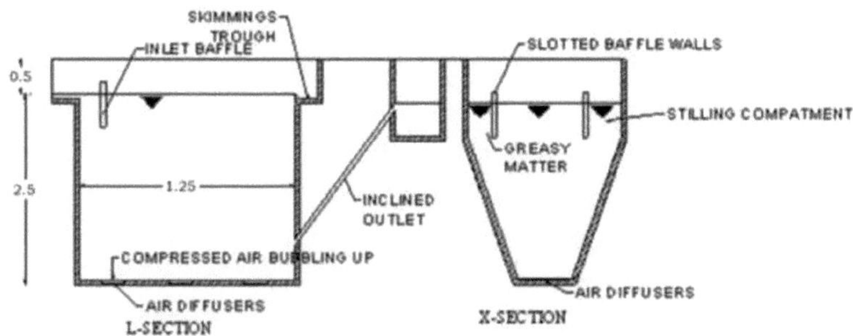


**Figo**

**3.7 Secção transversal da cuba de desnatação**

## 3.9 TANQUE DE SEDIMENTAÇÃO PRIMÁRIA

O tanque de sedimentação primário é o tanque de decantação construído ao lado do tanque de desnatação para remover os sólidos orgânicos que são demasiado pesados para serem removidos, ou seja, as partículas com tamanho inferior a 0,2 mm e gravidade específica de 2,65.

O tanque concebido é do tipo circular, o que permite o assentamento através de um fluxo radial. São fabricados em aço-carbono com revestimento interior em epoxy e revestimento exterior em epoxy. Construídos com base no conceito de clarificação de placa inclinada, estes clarificadores utilizam a gravidade em conjunto com a área de decantação projectada de modo a afetar uma percentagem bastante elevada de remoção de sólidos suspensos como 60 a 65% dos sólidos suspensos e 30 a 35% da CBO das águas residuais.

**DESENHO:**

Máximo. Quantidade de águas residuais = 0,7257MLD

Carga superficial = 40 m /m$^{32}$ /dia(Garg-1996)

Período de detenção = 1hrs

Volume de águas residuais $= \dfrac{725.7 \times 1}{24}$

$$= 30.24 \text{ m}^3$$

Proporcionar uma profundidade efectiva = 2,5 m

Área de superfície $= \dfrac{30.24}{2.5}$

$$= 12.095 \text{ m}^2$$

Área da superfície do depósito $= \dfrac{\text{Totalflow}}{\text{Surfacelloading}}$ (Garg-1996) $= 18.14 \text{m}^2 \quad = \dfrac{725.7}{40}$

Utilizar a maior área destas duas, ou seja, tomar a área da superfície do tanque 20 m²

Portanto, a área da superfície do tanque = 20 m²

Diâmetro do depósito $= \sqrt{\dfrac{20 \times 4}{\pi}}$

$$= 5.0 \text{ m}$$

O tanque de sedimentação primário é concebido para a dimensão de

**[5 m (diâmetro) X 2,5 m (profundidade) + 0,5 (FB)]**

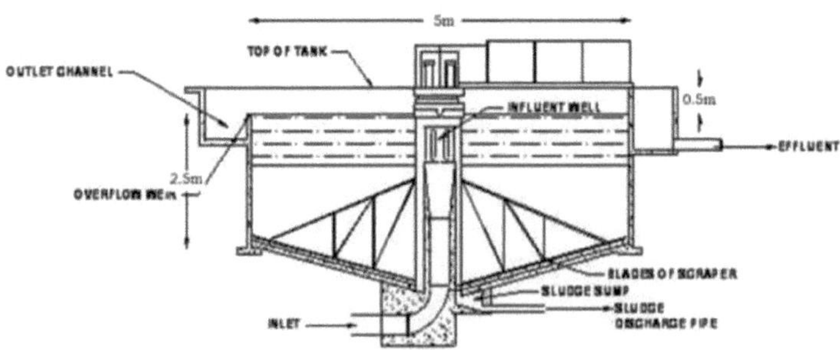


**Fig 3.8 Secção transversal de um tanque de sedimentação circular**

## 3.10  PROCESSO DE LAMAS ACTIVADAS

O processo de lamas activadas é um sistema biológico aeróbio de tratamento de águas residuais que consiste numa variedade de mecanismos e processos que utilizam o oxigénio dissolvido para promover o crescimento de flocos biológicos que removem substancialmente a matéria orgânica. As unidades essenciais do processo são um tanque de arejamento, um tanque de decantação secundário, uma linha de retorno de lamas do tanque de decantação secundário para o tanque de arejamento e uma linha de resíduos de lamas em excesso.

## - CONCEITO:

O ar atmosférico é borbulhado através das águas residuais primárias tratadas combinadas com organismos para desenvolver um floco biológico que reduz o conteúdo orgânico das águas residuais. O licor misto, a combinação de esgoto bruto e massa biológica é formado. Na instalação de lamas activadas, quando o efluente do clarificador primário recebe tratamento suficiente, o excesso de licor misto é descarregado em tanques de decantação e o sobrenadante tratado é escoado para ser submetido a tratamento adicional. Parte das lamas sedimentadas, denominadas lamas activadas de retorno (LAR), é devolvida à cabeça do sistema de arejamento para voltar a semear as novas águas residuais que entram no tanque. O excesso de lamas que eventualmente se acumula para além das lamas activadas de retorno, designadas por lamas activadas de resíduos (LAO), é removido do processo de tratamento para manter o rácio biomassa/alimento fornecido (F:M). As W.A.S são posteriormente tratadas por digestão em condições anaeróbias.

## MÉTODO: MÉTODO DE ESTABILIZAÇÃO POR CONTACTO

- Os microrganismos consomem os produtos orgânicos no tanque de contacto.

- O efluente do clarificador primário flui para o tanque de contacto onde é arejado e misturado com bactérias.

- Os materiais solúveis atravessam as paredes celulares das bactérias, enquanto os materiais insolúveis se fixam no exterior.

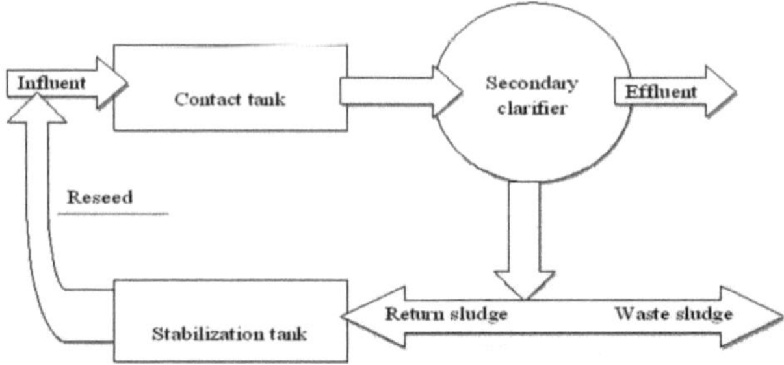


## Fig 3.9 FLUXOGRÁFICO DO PROCESSO DE LAMASCAS ACTIVADAS POR ESTABILIZAÇÃO POR CONTACTO

- Os sólidos assentam mais tarde e são eliminados do sistema ou devolvidos a um tanque de estabilização.

- Os micróbios digerem os produtos orgânicos no tanque de estabilização e são depois reciclados de volta para o tanque de contacto, porque precisam de mais alimento.

- As lamas activadas residuais são removidas e enviadas para tratamento

posterior.


**PROCESSO (Garg-1996)**

As lamas activadas funcionam no conceito acima referido seguindo o método de estabilização por contacto. O efluente do clarificador primário é misturado com 40 a 50% do volume próprio de lamas activadas (R.A.S). De seguida é misturado durante 4 a 8 horas no tanque de arejamento pelo arejador combinado que faz difusão de ar comprimido e mistura mecânica. Os organismos em movimento oxidam a matéria orgânica e fazem-na depositar-se no clarificador secundário.

As lamas sedimentadas, conhecidas como lamas activadas, são depois recicladas para a cabeça do tanque de arejamento e misturadas com as novas águas residuais que entram. Novas lamas activadas são produzidas continuamente e as W.A.S são eliminadas juntamente com as lamas primárias tratadas após uma digestão adequada.

A instalação de lamas activadas resulta em 80 a 95% de remoção de CBO e em 90 a 95% de remoção de bactérias, através da realização das instalações necessárias, tais como

(i)   Amplo fornecimento de oxigénio às plantas

(ii)  Mistura íntima e contínua de águas residuais com lamas activadas.

(iii) A taxa constante de retorno das lamas é mantida durante todo o processo.

## 3.11 TANQUE DE SEDIMENTAÇÃO SECUNDÁRIO

Um tanque de sedimentação construído ao lado do tanque de arejamento é o tanque de sedimentação secundário. Este tanque será como o tanque de sedimentação primária com certas modificações, uma vez que não há materiais flutuantes aqui, não são necessárias disposições para a remoção de escória e flutuação.

A área de superfície do tanque de sedimentação secundário é projectada com base na taxa de transbordo e na taxa de carga de sólidos. É adotado o valor mais elevado.

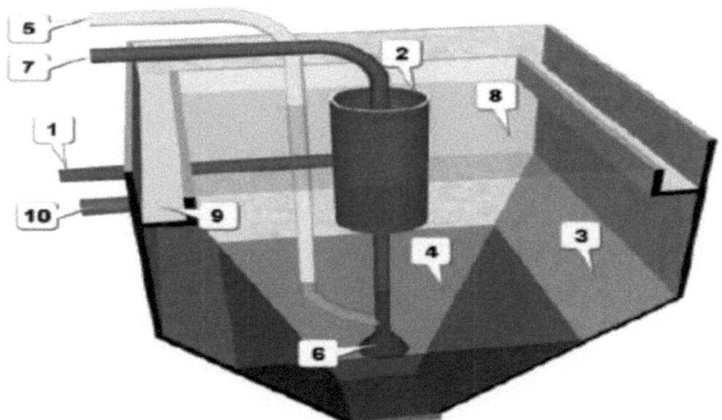


**Fig 3.10 Clarificador secundário/ tanque de decantação**

1   O tubo de entrada do esgoto   6 Bombas idênticas.

2   O poço de alimentação central 7 O conjunto do cabeçalho em forma de "n".

3   paredes inclinadas            8 O nível da água limpa

4   Os bandos de bactérias        9   Lavar nos quatro lados.

**5** Tubo de evacuação das lamas**10**Tubo de água clarificada.

## - DESENHO

N.º de clarificador secundário =1

Caudal médio = 725,6 m /dia$^3$

Caudal recirculado = 53% (Garg-1996)

$$= 384,56 \text{ m /dia}^3$$

Afluência total = 725,6+384,56

$$= 1110,16 \text{ m /dia}^3$$

Prever um período de detenção hidráulica = 2 horas

Volume do reservatório (excluindo a parte da tremonha)

=1110.16 x- 24

= 92.51 m$^3$

Assumir a profundidade do líquido = 3,5 m

Área $= \dfrac{92.51}{3.5}$

$$= 26.43 \text{ m}^2$$

Taxa de carga superficial do caudal médio=25 m /m /dia$^{32}$

Área de superfície fornecida $= \dfrac{725.6}{25}$

$$= 29 \text{ m}^2$$

Utilizar a área maior dos dois valores

Por conseguinte, a superfície = 29m$^2$

$$\text{Diâmetro} = \sqrt{\frac{29 \ X \ 4}{\pi}}$$

$$= 6 \ m$$

Fornecer um diâmetro de 6m

(i)VERIFICAR A CARGA DE FIO:

Caudal médio = 725,6 m /dia$^3$

$$\text{Carregamento do açude} = \frac{725.6}{6 \ X \ \pi}$$

$$= 38,5 \ m \ /dia/m^3$$

É inferior a 185 m$^3$ /dia/m. Por conseguinte, não há problema

**[Prever a sedimentação secundária como 6m (diâmetro) X 3,5 m (profundidade) + 0,5 m (FB)].**

A inclinação da tremonha deve ser de 1:12.

## - TANQUE DE ESTABILIZAÇÃO:

Caudal total de retorno = 384,56 m /dia$^3$

$$= 0,267 \ m \ /min^3$$

Tempo de retenção = 15 min

Volume do poço húmido = 0,267 x 15

$$= 4.0 \ m^3$$

A profundidade é de 1,5 m e a largura de 2 m

Por conseguinte, o comprimento é = 1,33 m, ou seja, 1,5 m.

Dimensão do poço húmido: 1,5m X 2m X 1,5m + 0,5m (FB)

Dimensão do poço seco: 1,5 m X 1,5 m

**[ 2 casas de bombas de 0,19 MLD de capacidade cada no poço seco**

## 3.12 Camas de secagem de lamas (Garg-1996)

A secagem das lamas digeridas em leitos abertos de terra é a secagem das lamas e esses leitos abertos de terra são conhecidos como leitos de secagem de lamas. As lamas digeridas do tanque de digestão contêm muita água. Por isso, é necessário secar ou desidratar as lamas digeridas antes de as deitar fora. Em Vellore, devido ao seu clima quente, a desidratação é bastante adequada.

As lamas de depuração são trazidas e espalhadas no topo dos leitos de secagem a uma profundidade de 20 a 30 cm, através de calhas de distribuição. Uma parte da humidade é drenada através do leito, enquanto a maior parte é evaporada para a atmosfera. Em países quentes como a Índia, a secagem demora 6 a 12 dias. Após este período, os bolos de lama são removidos com pás e são utilizados como estrume, uma vez que contêm 2 a 3% de NPK

Os leitos de secagem das lamas são leitos abertos de terra com 45 a 60 cm de profundidade, com camadas graduadas de cascalho ou pedra britada com 30 a 45 cm de espessura, com dimensões que variam entre 15 cm na base e 1,25 cm no topo. Por baixo das camadas de gravilha são colocados tubos de drenagem de 15 cm de diâmetro, com juntas abertas. Os leitos de grandes dimensões estão divididos por paredes de betão e uma conduta de saída dos digestores, com aberturas fechadas, permite a aplicação das lamas de forma independente em cada célula. As águas residuais recolhidas nos drenos inferiores são devolvidas ao poço húmido da fábrica para serem tratadas com as águas residuais brutas.

### - Conceção

Lodo aplicado ao leito de secagem à taxa de 100kg/MLD

Lodo aplicado = 100kg/dia

Gravidade específica = 1,015

Teor de sólidos = 1%

Volume de lamas $= \dfrac{0.7257}{0.01 \times 1000 \times 1.015}$

$$= 0{,}071 \ m^3/dia$$

Nas condições climatéricas de Junagadh, os canteiros secam durante cerca de 10 dias.

Número de ciclos em oneyeai $= \dfrac{365}{10}$

$$= 37 \ ciclos.$$

Período de cada ciclo = 10 dias

Volume de lamas por ciclo = 0,071X10

$$= 0.71 m^3$$

Espalhar uma camada de 0,3 m por ciclo,

Área de cama necessária $= \dfrac{0.71}{0.3}$

$$= 2.33 m^2$$

$$\sim 2.5 \ m^2$$

Disponibilizar 2 camas,

Área de cada cama = **1,25 m²**

**[ 2 camas de dimensão 1 m X1,25 m são projectadas ]**

## 3.13 ELIMINAÇÃO DAS ÁGUAS RESIDUAIS

A eliminação de efluentes tratados no solo ou em massas de água é a eliminação de esgotos. Esta pode ser efectuada de dois modos,

(i)     Diluição - eliminação em massas de água.

(ii)    Irrigação de efluentes - eliminação no solo.

• **DILUIÇÃO:**

A eliminação de efluentes através da sua descarga em cursos de água, como ribeiros, rios ou grandes massas de água, como lagos e mares, é designada por diluição.

## • IRRIGAÇÃO COM EFLUENTES:

Quando o efluente é espalhado uniformemente na superfície da terra, trata-se de irrigação por efluentes. A água dos esgotos percola no solo e os sólidos em suspensão permanecem à superfície do solo. Os sólidos orgânicos em suspensão remanescentes são parcialmente actuados pelas bactérias e são parcialmente oxidados pela exposição às acções atmosféricas de calor, luz e ar.

Tendo em conta as caraterísticas da JAU, é preferível a irrigação com efluentes, ou seja, a eliminação de terras, pelas seguintes razões

(i)     O ribeiro próximo tem um caudal muito pequeno em tempo seco. No verão, fica seco.

(ii)    A estação de tratamento de águas residuais foi concebida de acordo com as normas indianas, produzindo efluentes com caraterísticas menos perigosas do que as normas de eliminação no solo.

(iii)   É uma fonte alternativa de água para irrigação e contém o estrume e alguma quantidade de compostos NPK.

(iv)

**Tabela 3.3 Comparação entre a IS: 3307-1986 e as caraterísticas esperadas do efluente.**

| N.º de identificação | Caraterísticas | Limite de tolerância de acordo com IS :3307- 1986 | Efluentes da fábrica |
|---|---|---|---|
| 1 | pH | 5.5-9.0 | Estudo obrigatório em laboratório ambiental após a construção e o funcionamento da instalação proposta. |
| 2 | CBO | 100 mg/l | |
| 3 | Sólidos em suspensão | 200 mg/l | |
| 4 | Óleos e gorduras | 10 mg/l | |

| 5 | Cloretos | 600 mg/l |
|---|---|---|
| 6 | Sulfato | 1000 mg/l |

O efluente a ser eliminado no método de irrigação por efluente terrestre é feito através da construção de cumeeiras e sulcos no terreno de eliminação. Aqui a terra é primeiro arada até 45 cm, depois nivelada e dividida em parcelas e subparcelas. Em seguida, cada subparcela é cercada por pequenos diques. Em seguida, formam-se cumes e sulcos em cada subparcela. As águas residuais são deixadas a correr nos sulcos, enquanto as culturas são cultivadas nos cumes. Após um intervalo de 8-10 dias, as águas residuais podem ser novamente aplicadas, dependendo das necessidades das culturas e da natureza do solo.

# CAPÍTULO- 4

## RESULTADOS E DISCUSSÃO

De acordo com o inquérito, a população do campus da UAJ é de 1418 pessoas no ano de 2012, prevendo-se que atinja 1888 pessoas no ano de 2042, de acordo com um crescimento incremental de 10%. Verifica-se que o abastecimento doméstico de água no campus da UAJ é de cerca de 0,432 MLD, de acordo com o estudo sobre o abastecimento de água. O estudo sobre as águas residuais revela também que o caudal das águas residuais é de $0,0084m^3$ /s, o que representa uma descarga de águas residuais muito baixa. No referido projeto de ETAR foram tomadas precauções para cumprir os requisitos do projeto normalizado, mas tendo em conta a descarga e a qualidade das águas residuais, a instalação projectada não é economicamente viável, pelo que se sugere que as águas residuais adicionais sejam canalizadas para a referida ETAR, para que a instalação seja rentável e eficiente.

Para lidar com esta baixa descarga, foi concebida uma câmara de recolha circular com 14 m de diâmetro e 2,50 m de profundidade, que recolhe as águas residuais ao longo do dia e as águas residuais recolhidas são descarregadas para a referida ETAR, através desta câmara de recolha a descarga para a ETAR pode ser mantida. Assim, é necessário que a instalação funcione em dois turnos durante 1,5 horas, o que resulta numa descarga de $0,0672 \ m^3$ /s na ETAR.

As referidas sugestões afectam o custo de capital, bem como o custo operacional da estação de tratamento de águas residuais, o que, em última análise, afecta a relação custo-benefício; por isso, é necessário fornecer uma estação compacta baseada em contentores para a referida área de estudo.

PORMENÓRES DO DESIGN

| Componente | TIPO | NOS | DIMENSÕES |
|---|---|---|---|
| Câmara de receção | | 1 | 14 m 0X 2,36 m (SWD) + 0,14m (FB) |
| Peneira grossa | 1 mecânico | 1 | 0,51 m X 0,7 m (SWD) + 0,3 m (FB) |
| Câmara de granalha | Horizontal Tipo de fluxo | 1 | 1,2m X 5m X 2,5m |
| Ecrã fino | Tipo de disco, mecânico | 1 | 97 n.ºs de barra, 3 mm de espessura da barra, 0,3 m (SWD), 0,58 m de periferia do disco |
| Tanque de desnatação | Difusor de ar + Cloro gasoso | 1 | 25m X 0,90m X 2,5m + 0,5m (FB) |
| Clarificador secundário | Tipo circular, Fluxo radial | 1 | 6m 0 X 3,5m (SWD) + 0,5m (FB) |
| Leito de secagem de lamas | Areia + nivelada Em cascalho | 2 | 1m X 1,25m |

# RESUMO E CONCLUSÃO

A água é um dos recursos naturais mais importantes e preciosos. A utilização eficiente dos recursos hídricos é crucial para a produção agrícola, a fim de enfrentar o desafio de alimentar a população humana em constante crescimento nos países do terceiro mundo. Atualmente, a utilização de fertilizantes químicos na agricultura está a aumentar de dia para dia, mas a produção de fertilizantes químicos é inferior à sua procura. Além disso, as águas residuais tratadas são ricas em matéria orgânica e em nutrientes que satisfazem as necessidades das plantas (nomeadamente fósforo e potássio). Pode ser utilizada de forma rentável quer como água de irrigação quer como adubo para fornecer nutrientes a diferentes culturas.

No campus da JAU, a população atual é de 1418 pessoas (entre estudantes e funcionários), segundo o método de previsão da população, em 2042 a população será de 1888. O abastecimento de água a cada pessoa é de 152 litros/dia e a produção de esgotos é de 80% do abastecimento de água. De acordo com os cálculos, a descarga de águas residuais é de $0,0084m^3$ /s. Isto não é possível de acordo com o custo e o projeto. Não é possível fazer funcionar a instalação durante 24 horas com esta descarga. Por isso, a estação precisa de mais descarga. Isto significa que é necessária uma câmara de receção para recolher a descarga de águas residuais durante 24 horas, de modo a que a instalação funcione em dois turnos de 1,5 horas por dia.

Para tratar 12 horas de água de esgoto recolhida em 1,5 horas com uma velocidade permitida de 0,8 m/s, é gerada uma descarga de $0,0672m^3$ /s e o diâmetro do tubo é de 32 cm para manter a velocidade.

Na amostra de água de esgoto do campus JAU, os sólidos suspensos, a CBO, a CQO, o pH, etc. estão dentro dos limites permitidos, pelo que não é necessário qualquer tratamento, como o tratamento terciário.

A descarga do tratamento de águas residuais é de $0,0672 \ m^3$ /s e a altura média do lençol freático é de 15 m, o que permite poupar 865 kWh de energia eléctrica por dia.

# Conclusão

O tratamento de águas residuais envolve uma variedade de processos efectuados a diferentes níveis de tratamento. A forma básica de tratamento é a decomposição dos resíduos orgânicos por bactérias, quer por via aeróbia ou anaeróbia, quer por uma combinação de ambas, o que ocorre no tratamento secundário. O tratamento primário consiste na sedimentação dos sólidos. O tratamento terciário envolve a remoção de fósforo, azoto e substâncias tóxicas. A remoção de agentes patogénicos ocorre durante todo o tratamento, mas torna-se mais eficaz principalmente nos níveis terciários através da utilização de raios UV e da cloração. Quanto maior for a eficiência do tratamento, melhor será a qualidade do efluente produzido.

De acordo com o ponto de vista da conceção, começar por construir uma rede de recolha de águas residuais na zona dos albergues e na zona residencial do pessoal, que conduza as águas residuais para a ETAR de forma atempada e eficiente e que também proporcione a possibilidade de reparação e manutenção, tendo igualmente em conta a futura expansão.

De acordo com o ponto de vista do projeto, a descarga é muito baixa, pelo que a instalação não pode funcionar 24 horas por dia.

Assim, o funcionamento de mais de 3 horas por dia diminui o custo operacional e aumenta a poupança de eletricidade na bombagem da água de irrigação.

# REFERÊNCIAS

*Abdou, F. M. e Nennah, M. (1980) Efeito da irrigação de um solo de areia argilosa com lamas de depuração líquidas no seu teor de alguns micronutrientes. Plant and Soil 56, 53-57.*

*Adarkatti, I. B. e Rao, G. S. G. (1980) Proe. Seminário sobre a Eliminação de Efluentes de Engenhos de Açúcar e Destilarias pelo Conselho de Poluição do Governo de U.P. em Lucknow, em 24 de abril de 1980.*

*Andreev, N. G. e Grislis, S. V. (1990) Yield of perennial herbage species irrigated with sewage water. Venda Académica Skokhoryi 12, 31-33.*

*Arora, C L e Chhibba, I. M, (1992) Influence of sewage disposal on the micronutrient and sulfur status of soils and plants. Journal of Indian Society of Soil Science 40, 792-795.*

*Azad, A. S., Arora, B. R., Singh, B. e Sekhon, G. S. (1987) Effect of sewage waste waters on some soil properties. Indian Journal of Ecology 14, 7-13.*

*Azad, A.S., Sekhon, G. S. e Arora, B. R. (1986) Distribution of cadmium, nickel and cobalt in sewage water irrigated soils. Journal of Indian Society of Soil Science 34, 619-621.*

*Baddesha, H. S., Rao, D. L. N., Abrol, I. P. e Chhabra, R. (1986) Irrigation and nutrient potential of raw sewage waters of Haryana. Indian Journal of Agricultural Sciences 56, 584-591.*

*Bhatia, A., Pathak, H. e Joshi, H. C. (2001) Use of sewage as a source of plant nutrient: potentials and problems. Fertilizer News 46, 55-58.*

*Bocko, J. (1980) Melhoria de solos ligeiros irrigados com efluentes de esgotos em resultado da acumulação de matéria orgânica. Roczniki Gleboznelwcze, 31, 149-154 (Fide- Irrig. and Drain. Abstr. 8(1), 17, 1982).*

*Bole, J. B., Gould, W. D. e Carson, J. A. (1985) Yields of forages irrigated with waste water and the fate of added N-15 labeled fertilizer N. Agronomy Journal 77, 715-719.*

*Burns, S. e Rawitz, E. (1981) the effects of sodium and organic matter in sewage effluent on water retention properties of soils. Soil Science Society of America Journal 45, 487-493.*

*Campbell, R. W., Miller, J. H., Reynolds, J. H. e Schreeg, T. M. (1983) Alfafa, milho doce e resposta do trigo à aplicação a longo prazo de águas residuais municipais em terras de cultivo. Journal of Environmental Quality 12, 243-249.*

*Cunningham, J. D., Ryan, J. A. e Keeney, D. R. (1975) Phytotoxicity in and metal uptake from soil treated with metal-amended sewage sludge. Journal Environmental Quality, 4, 455-460.*

*Datta, S. P., Biswas, D. R., Saharan N., Ghosh, S. K. e Rattan, R. K. (2000) Effect of long term Application of Sewage Effluents on Organic Carbon, Bioavailable Phosphorus, Potassium and Heavy Metal Status of Soils and Content of Heavy Metals in Crops Grown Thereon. Journal of Indian*

*Society of Soil Science 48, 836-839.*

*Day, A. D. e Kirkpatrick, R. M. (1973) Effect of treated municipal wastewater on oat forage and grain. Journal Environmental Quality 2, 282-284.*

*Day, A. D., McFadyen, J. A., Tucker, T. C. e Cluff, C. B. (1981) Effect of municipal waste water on the yield and quality of cotton. Journal Environmental Quality 10, 47-49.*

*Day, A. D., McFadyen, J. A., Tucker, T. C. e Cluff, C. B. (1979) Commercial production of wheat grain irrigated with municipal waste water and pump water. Journal Environmental Quality 8, 403-406.*

*Day, A. D., Rahman, A., Katterman, F. R. H. e Jensen, V. (1974) Effect of treated municipal waste water and commercial fertilizer on growth, fiber, acid-soluble nucleotides, protein and amino acid content in wheat hay. Journal Environmental Quality 3, 17-19.*

*Day, A. D., Swingle, R. S., Tucker, T. C. e Cluff, C B. (1982) Alfalfa hay grown with municipal waste water and pump water. Journal Environmental Quality 11, 23-24.*

*Day, A. D. and Tucker, T. C. (1977) Effect of treated municipal wastewater on growth, fiber, protein and amino acid content of sorghum grain. Journal Environmental Quality 6, 325-327.*

*El-Naim, A. E. M., Selem, M. M., El-Wady, R. M. e Faltas, R. L. (1986) Alterações nas propriedades físicas do solo arenoso devido à utilização de água de esgoto em cultivo durante cinco anos sucessivos. II. Distribuição do tamanho dos poros e taxa de infiltração. Annals of Agricultural Science, Moshtohor, 24, 1615-1626.*

*Emmimath, V. S. and Rang swami, G.(1971) Studies on the effects of heavy doses of nitrogenous fertilizer on the soil and rhizosphere microflora of rice. Mysore Journal agricultural Science 5, 39-58.*

*Feigin, A., Bielorai, H., Dag, Y., Kipnis, T. e Giskin, M. (1978) The nitrogen fator in the management of effluent irrigated soils. Ciência do Solo 125, 248-254.*

*Fonseca, A. F-da., Melfi, A. J. e Montes, C. R. (2005) Crescimento do milho e alterações na fertilidade do solo após irrigação com efluente de esgoto tratado. II. Acidez do solo, cátions trocáveis e disponibilidade de enxofre, boro e metais pesados. Comunicações em Ciência do Solo e Análise de Plantas 36, 1983-2003.*

*Gadallah, M. A. A. (1994) Effects of industrial and sewage waste waters on the concentration of soluble carbon, nitrogen, and some mineral elements in sunflower plants. Journal of Plant Nutrition 17, 13691384.*

*Garg, S.K. (1996) Sewage diposal and air pollution engineering vol-II,*

*Gladis, R. (1995) Influência da irrigação com águas residuais e níveis graduais de N e P nas propriedades do solo e na resposta do sorgo forrageiro (var. Co. 27). Tese de Mestrado (Ag.), TNAU, Coimbatore-3.*

*Gladis, R., Bose, M. S. C. e Fazlullah-Khan, A. K. (2000) Irrigação com águas residuais e fertilização com N e P no teor de HCN e N03 das forragens. Madras Agricultural Journal 86, 250-255.*

Hayes, A. R., Mancino, C.F. e Pepper, I.L. (1990) Irrigação de relva com efluentes de esgotos secundários: I. qualidade da água do solo e do lixiviado. Agronomy Journal 82, 939-943.

Kutera, J. e Plawinski, R. (1974) Results Of experiments on irrigation of forder maize with municipal sewage waters. Instituto Wiadomosci Melioracji-i-Uzytkow Zielonych, 11,51-76.

Larson, W.L., Gilley, J. e Linden, D.R. (1975) Consequences of waste disposal on land. Journal of Soil and Water Conservation 30,68-71.

Nagaraja, D. N. e Krishnamurthy, K. (1989) Esgoto com fertilizante no crescimento e no rendimento do arroz. Mysore Journal of Agricultural Science 23, 289-291.

Narwal, R.P., Singh, M., Singh, Y.P. e Singh, M.(1990) Effect of cadmium enriched sewage effluent on yield and some biochemical characteristics of corn (Zea mays L.). Crop Research Hisar 3, 162168.

Sanai, M e Shaygan. J. (1980) Field experiments on application of treated municipal waste water to vegetated lands. Water pollution Control 79,126-135 (Fide- Irrigation and Drainage, 7, 82, 1981).

Shevchenko, V.M (1972) Efeito da irrigação com água de esgoto no rendimento dos grãos e na qualidade da cultura. Instituto Trudy Khar'Kovskii Sel'skokhozyaistvennyi 166, 33-41.

Singh, D., Rana, D. S., Pandey, R. N. e Kumar, K. (1995) Yield response of forrage *sorghum, maize and cowpea to varying NPK doses under waste water irrigation on Mollisols of western Uttar Pradesh. Annals Agricultural Research 16, 522-524.*

*Singh, D., Rana, D. S., Pandey, R. N. e Kumar, K. (1993) Effect of sources of irrigation and fertilizer doses on dry Mmatter yield of forrage crops in foot hill soils of Uttar Pradesh. Indian Journal Agronomy 38, 668-670.*

*Tiwari, R.C., Kumar, A. e Mishra, A. K. (1996) Influência da irrigação com água de esgoto e água de poço tubular com níveis de fertilizante no arroz e nas propriedades do solo. Journal of Indian Society of Soil Science 44, 547-549.*

*Tiwari, R.C., Saraswat, P. K. e Agrawal, H. P. (2003) Changes in Macronutrient Status of Soils Irrigated with Treated Sewage Water and Tube well Water. Journal of Indian Society of Soil Science 51, 150-155.*

*Zalawadia, N.M. and Raman, S. (1994) Effect of disitillery waste water with graded fertilizer levels on sorghum yield and soil properties. Journal of India Society of Soil Science 42, 575-579.*

# ANEXO-A

## LISTA DE POPULAÇÃO E OCUPAÇÃO

| SR. NÃO. | LOCAL | NÃO. DE PORSON | TIPO OCUPAÇÃO |
|---|---|---|---|
| 1. | Vivekanand Albergue | 112 | Estudante B.Tech |
| 2. | Govardhan | 81 | Estudante de bacharelato |
| 3. | Viswakarma | 168 | Estudante de tecnologia |
| 4. | Vijay | 45 | Estudante de licenciatura |
| 5. | Vidhya | 104 | Estudante de licenciatura |
| 6. | Vinay | 96 | Estudante P.G |
| 7. | Vivek | 96 | Estudante de licenciatura |
| 8. | Virat | 60 | Estudante P.G |
| 9. | Vinayak | 92 | Estudante P.G |
| 10. | Albergue para raparigas | 140 | Estudante do sexo feminino |
| 11. | Albergue ABM | 32 | Estudante ABM |
| 13 | Bloco B | 125 | |
| 14 | Bloco K | 26 | |
| 15 | Bloco D | 18 | |
| 16 | Quarto do professor | 48 | Pessoal da JAU |
| 17 | Trimestre académico | 50 | |
| | Total | 1418 | |

# ANEXO B

## PREVISÕES DEMOGRÁFICAS

| Ano | População | Incremental | Incremental Aumentar |
|---|---|---|---|
| 2012 | 1418 | 10% | 141.8 |
| 2022 | 1560 | 10% | 156 |
| 2032 | 1716 | 10% | 171.6 |
| 2042 | 1888 | 10% | 188.8 |
| | | Média =10% | Média=164,55 |

**ANEXO-C**

| SR NÃO | LOCAL | NÃO. OF TANK | ESPICIFCATIO NTANK | CAPACIY (LITTER) | ÁGUA FORNECIMENTO | NÃO. DE PREENCHIMENTO PER2 DIA | Consumo total de água 2por dia (LITRO) |
|---|---|---|---|---|---|---|---|
| 1. | Vivekanand Albergue | 3 | 2 depósitos 5000 litros<br>1 depósito 4000 litros | 14000 | Perfurar poço | 3 | 42000 |
| 2. | Govardhan | 3 | 2 depósitos 5000 litros<br>1 depósito 2500 litros | 12500 | Perfurar poço | 3 | 37500 |
| 3. | Viswakarma | 2 | 2 depósitos 5000 litros | 10000 | Perfurar poço | 3 | 30000 |
| 4. | Vijay | 1 | 1 depósito 3000 litros | 3000 | Poço aberto | 6 | 18000 |
| 5. | Vidhya | 1 | 1 depósito 3000 litros | 3000 | Poço aberto | 6 | 18000 |
| 6. | Vinay | 1 | 1 depósito 3000 litros | 3000 | Poço aberto | 6 | 18000 |
| 7. | Vivek | 1 | 1 depósito 3000 litros | 3000 | Poço aberto | 6 | 18000 |
| 8. | Virat | 2 | 2 depósitos 6500 litros | 13000 | Poço aberto | 6 | 78000 |
| 9. | Vinayak | 3 | 1 depósito 5000 litros<br>1 depósito 5000 litros<br>1 depósito 5000 litros | 15000 | Perfurar poço | 3 | 45000 |
| 10. | Albergue para raparigas | 6 | 3tanques 1000lit<br>3 depósitos 2500 litros | 8500 | Perfurar poço | 3 | 25500 |

| 11. | Albergue ABM | 4 | 1 depósito 2000 litros<br><br>1 depósito 2000 litros<br><br>1 depósito 2000 litros<br><br>1 depósito 2000 litros | 8000 | Poço aberto | 1 | 8000 |
| 12 | Bloco A | 4 | 1 depósito 3000 litros<br><br>1 depósito 3000 litros<br><br>1 depósito 3000 litros<br><br>1 depósito 3000 litros | 12000 | Poço aberto | 2 | 24000 |
| 13 | Bloco B | 4 | 1 depósito 3000 litros<br><br>1 depósito 3000 litros<br><br>1 depósito 3000 litros<br><br>1 depósito 3000 litros | 12000 | Poço aberto | 2 | 24000 |

| 14 | Bloco- k | 3 | 1 depósito 2500 litros<br><br>1 depósito 2500 litros<br><br>1 depósito 2500 litros | 7500 | Poço aberto | 2 | 15000 |
| 15 | Bloco D | 3 | 1 depósito 2500 litros<br><br>1 depósito 2500 litros<br><br>1 depósito 2500 litros | 7500 | Poço aberto | 2 | 15000 |
| 16 | Professor trimestre | 2 | 1 depósito 2000 litros<br><br>1 depósito 2000 litros | 4000 | Poço aberto | 2 | 8000 |
| 17 | Trimestre académico | 2 | 1 depósito 2000 litros<br><br>1 depósito 2000 litros | 4000 | Poço aberto | 2 | 8000 |

| Total | 45 | 45 | | | | 432000 |
| --- | --- | --- | --- | --- | --- | --- |
| | | | | | | |

- CÁLCULO DO USO DE ÁGUA POR CAPITAL POR DIA uso de água por dia =

432000/2

= 216000 litros

consumo de água por capital e por dia = 216000/1418

= 152,32 Ipcd

~ 1521pcd

 # Food Testing Laboratory 

**Junagadh Agricultural University, Junagadh (India)**

Phone (O): +91 285 2672080-90                 E-mail: bag@jau.in

## TEST REPORT

Issued to : Vaibhav Ram (mob no-9913840348)          **Date : 30/10/12**

| | | | |
|---|---|---|---|
| Your Ref. No. | : ---- | Received date | : 11/10/2012 |
| Sample Description | : Sewage Water | Sample ID | : 1 |
| Sample Condition | : Sample in plastic bottle | Analysis started date | : 12/10/2012 |
| Sample Qty. | : ≈ 1 lit | Analysis complete date | : 25/10/2012 |
| Sampling by | : customer | | |

### TEST RESULTS

| Sr. No. | Parameters | Results | Unit | Test Method |
|---|---|---|---|---|
| 1 | pH | 7.53 | | |
| 2 | COD | 100.38 | ppm | |
| 3 | Total suspended solids | 30.03 | ppm | |
| 4 | BOD | 104 | ppm | |
| 5 | Total coliform | $5.29 \times 10^6$ | CFU | As per AOAC |
| 6 | *Escherichia Coli* | Present | | |
| 7 | *Salmonella* Spp. | Absent | | |
| 8 | *Vibrio* Spp. | Present | | |

Authorized Signatory

Note:
1) Sample(s) not drawn by FTL, unless specified.

2. The result listed refers only to tested sample(s) and applicable parameters. Endorsement of product is neither inferred nor implied.

3. Total liability of FTL is limited to the invoice amount/testing charges.

4. Samples will be destroyed after one month of date of issue of test report unless otherwise specified.

5. Test report will not be reproduced in full, without written from FTL.

6. This test report in full or in part shall not be used for advertising of legal action.

7. Subject to Junagadh jurisdiction.

Page 1 of 1

# Food Testing Laboratory

**Junagadh Agricultural University, Junagadh (India)**

Phone (O): +91 285 2672080-90      E-mail: bag@jau.in

## TEST REPORT

Issued to : Vaibhav Ram (mob no-9913840348)     **Date :** 30/10/12

| | | | |
|---|---|---|---|
| Your Ref. No. | : ---- | Received date | : 11/10/2012 |
| Sample Description | : Sewage Water | Sample ID | : 3 |
| Sample Condition | : Sample in plastic bottle | Analysis started date | : 12/10/2012 |
| Sample Qty. | : ≈ 1 lit | Analysis complete date | : 25/10/2012 |
| Sampling by | : customer | | |

## TEST RESULTS

| Sr. No. | Parameters | Results | Unit | Test Method |
|---|---|---|---|---|
| 1 | pH | 7.32 | | |
| 2 | COD | 38.61 | ppm | |
| 3 | Total suspended solids | 29.90 | ppm | |
| 4 | BOD | 63 | ppm | As per AOAC |
| 5 | Total coliform | $1.26 \times 10^4$ | CFU | |
| 6 | *Escherichia Coli* | Present | | |
| 7 | *Salmonella* Spp. | Present | | |
| 8 | *Vibrio* Spp. | Present | | |

Authorized Signatory

Note:
1) Sample(s) not drawn by FTL, unless specified.

2. The result listed refers only to tested sample(s) and applicable parameters. Endorsement of product is neither inferred nor implied.

3. Total liability of FTL is limited to the invoice amount/testing charges.

4. Samples will be destroyed after one month of date of issue of test report unless otherwise specified.

5. Test report will not be reproduced in full, without written from FTL.

6. This test report in full or in part shall not be used for advertising of legal action.

7. Subject to Junagadh jurisdiction.

Page 1 of 1

# Food Testing Laboratory

**Junagadh Agricultural University, Junagadh (India)**

Phone (O): +91 285 2672080-90      E-mail: bag@jau.in

## TEST REPORT

Issued to : Vaibhav Ram (mob no-9913840348)      **Date :** 30/10/12

| | | | |
|---|---|---|---|
| Your Ref. No. | : ---- | Received date | : 11/10/2012 |
| Sample Description | : Sewage Water | Sample ID | : 2 |
| Sample Condition | : Sample in plastic bottle | Analysis started date | : 12/10/2012 |
| Sample Qty. | : ≈ 1 lit | Analysis complete date | : 25/10/2012 |
| Sampling by | : customer | | |

## TEST RESULTS

| Sr. No. | Parameters | Results | Unit | Test Method |
|---|---|---|---|---|
| 1 | pH | 7.14 | | |
| 2 | COD | 65.63 | ppm | |
| 3 | Total suspended solids | 33.80 | ppm | |
| 4 | BOD | 107 | ppm | |
| 5 | Total coliform | $4.62 \times 10^7$ | CFU | As per AOAC |
| 6 | *Escherichia Coli* | Present | | |
| 7 | *Salmonella* Spp. | Absent | | |
| 8 | *Vibrio* Spp. | Present | | |

Authorized Signatory



Page 1 of 1

Printed by Books on Demand GmbH, Norderstedt / Germany